国家示范性高等职业院校优质核心课程改革教材

工 程 造 价

主　编　鲁佳婧
主　审　袁建新

人民交通出版社

内 容 提 要

本书是国家示范性高等职业院校优质核心课程改革教材，全书共分三个学习情境19个工作任务。第一个学习情境是建筑及装饰装修工程工程量计算，共设置13个工作任务；第二个学习情境是工程量清单编制，共设置4个工作任务；第三个学习情境是工程量清单计价表编制，共设置2个工作任务。

本书可供高等职业技术院校建筑工程技术专业学生使用，也可用作相关技术人员的参考用书。

图书在版编目(CIP)数据

工程造价/鲁佳婧主编.--北京：人民交通出版社，2011.2

国家示范性高等职业院校优质核心课程改革教材

ISBN 978-7-114-08825-4

Ⅰ.①工… Ⅱ.①鲁… Ⅲ.①工程造价—高等学校：技术学校—教材 Ⅳ.①TU723.3

中国版本图书馆CIP数据核字(2010)第258030号

国家示范性高等职业院校优质核心课程改革教材

书　　名：工程造价
著 作 者：鲁佳婧
责任编辑：戴慧莉
出版发行：人民交通出版社股份有限公司
地　　址：(100011) 北京市朝阳区安定门外外馆斜街3号
网　　址：http://www.ccpress.com.cn
销售电话：(010) 59757973
总 经 销：人民交通出版社股份有限公司发行部
经　　销：各地新华书店
印　　刷：北京市密东印刷有限公司
开　　本：787×1092　1/16
印　　张：10.25
字　　数：243千
版　　次：2011年2月　第1版
印　　次：2016年1月　第3次印刷
书　　号：ISBN 978-7-114- 08825- 4
定　　价：25.00元

四川交通职业技术学院
优质核心课程改革教材编审委员会

序 *Xu*

为贯彻教育部、财政部《关于实施国家示范性高等职业院校建设计划，加快高等职业教育改革与发展的意见》（教高【2006】14 号）和《关于全面提高高等职业教育教学质量的若干意见》（教高【2006】16 号）精神，作为国家示范性高等职业院校建设单位，我院从 2007 年开始组织探索如何设计开发既能体现职业教育类型特点，又能满足高等教育层次需求的专业课程体系和教学方法。三年来，我们先后邀请了多名国内外职业教育专家，组织进行了现代职业技术教育理论系统学习和职业技术教育课程开发方法系统的培训；在课程开发专家团队指导下，按照"行业分析，典型工作任务，行动领域，学习领域"的开发思路，以职业分析为依据，以培养职业行动能力为核心，对传统的学科式专业课程进行解构和重构，形成了以学习领域课程结构为特征的专业核心课程体系；与企业专业技术人员共同组成课程开发团队，按照企业全程参与的建设模式、基于工作过程系统化的建设思路，完成了 10 个重点建设专业（4 个为中央财政支持的重点建设专业）核心课程的学材、电子资源、试题库、网络课程和生产问题资源库等内容的建设和完善，在课程建设方面取得了丰厚的成果。

对示范院校建设工程而言，重点专业建设是龙头；在专业建设项目中，课程建设是关键。职业教育的课程改革是一项长期艰苦的工作，它不是片面的课程内容的解构和重构，必须以人才培养模式创新为核心，实训条件的改善、实训项目的开发、教学方法的变革、双师结构教师团队的建设等一系列条件为支撑。三年来，我们以课程改革为抓手，力图实现全面的建设和提升；在推动课程改革中秉承"片面地借鉴，不如全面地学习"，全面地学习和借鉴，认真地研究和实践；始终追求如何在课程建设方面做出中国特色，做出四川特色，做出交通特色。

历经 1 000 多个日日夜夜的辛劳，面对包含了我们教师团队心血，即将破茧的课程建设成果的陆续出版，感到几分欣慰；面对国际日益激烈的经济的竞争，面对我国交通现代化建设的巨大需求，感到肩上的压力倍增。路漫漫其修远兮，吾将上下而求索！希望更多的人来加入我们这个团结、奋进、开拓、进取的团队，取得更多更好的成果。

在这些教材的编写过程中，相关企业的专家给予了很多的支持与帮助，在此谨表示衷心的感谢！

四川交通职业技术学院院长

前　言

工程造价贯穿整个建筑工程始末，属于项目管理中成本管理的范畴，是项目管理的重点之一，同时也是企业盈利的关键。工程造价这门课程是建筑工程技术专业高职毕业生就业后从事工程造价相关工作的基础；是走上技术负责人、责任工长、项目经理等岗位需掌握的管理内容之一；对学生职业能力的培养和职业素养的养成起主要支撑或明显促进作用。通过对生产一线资料员、招投标人员、预算人员、施工人员、监理员等岗位工作的调查分析，我们遵循学生职业能力培养的基本规律，以真实的工作任务及其工作过程为依据，整合教学内容，编写了《工程造价》这门课程的学生用书。

该学材选取一个真实工程项目为贯穿项目，按项目工作程序设计了三个学习情境，共19个工作任务。第一个学习情境是建筑及装饰装修工程工程量计算，共设置13个工作任务。通过本情境的学习，学生应根据项目的实际情况和清单计价规范要求计算建筑面积、土石方工程、钢筋混凝土工程、砌筑工程、防水工程、保温工程及装饰工程等的工程量。第二个学习情境是工程量清单编制，共设置4个工作任务。通过本情境的学习，学生能根据计算出来的工程量编制分部分项工程量清单、措施项目工程量清单、其他项目工程量清单和规费、税金项目清单。第三个学习情境是工程量清单计价表编制，共设置2个工作任务。通过本情境的学习，学生能依据前面的清单计算出项目的工程造价。完成本课程的学习后，学生由此具备施工员、预算员、资料管理员的岗位能力。

该学材由鲁佳婧主编，由中国建设工程造价管理协会专家委员会专家委员、全国土建类高职高专教学指导委员会工程管理类指导分委员会委员兼秘书、四川省造价工程师协会常务理事、四川省建设工程评标专家袁建新主审。在编写过程中，得到了四川佳华工程造价事务所魏家辉所长，四川大公建设管理咨询有限公司文晰董事长，四川正则工程项目管理有限公司袁静总经理的大力支持和帮助，在此表示衷心的感谢！

由于编写时间仓促以及编者经验不足，该学材还存在不足，敬请大家指教。

编　者

2010年10月

目　　录

学习情境一　建筑及装饰装修工程工程量计算

任务一　建筑面积计算

一、任务描述

现有某综合办公楼工程图纸一套(见附录一、附录二),仔细分析附录一中的图纸,然后根据建筑面积计算规则,计算出该工程的建筑面积。

二、学习目标

通过本任务的学习,你应当能:

1. 通过资料收集,判断哪些构件计算全面积,哪些构件计算二分之一面积,哪些构件不计算面积;

2. 根据工程图纸,并结合建筑面积计算规则,准确计算图纸建筑面积;

3. 计算建筑面积技术经济指标。

三、任务实施

(一)任务引入

引导问题:建筑面积是计算建筑工程相关分部分项工程量与有关工程费用项目的依据,也是确定建筑、装饰工程技术经济指标的重要依据。你是如何理解建筑面积的?

1. 商品房销售中的每平方米单价指的是什么面积?

2. 建筑面积的含义是什么?

3. 建筑面积是由什么组成的?

4. 建筑面积的作用有哪些？

(二)学习准备

引导问题:准确计算建筑面积的依据有哪些？

> **提示:**
> (1)图纸。
> (2)《建筑工程建筑面积计算规范》(GB/T 50353—2005)。

(三)任务实施

引导问题1:请根据《建筑工程建筑面积计算规范》(GB/T 50353—2005),确定以下问题的建筑面积如何计算。

(1)如何理解外墙勒脚以上结构外围面积？

(2)单层建筑的建筑面积如何计算？多层建筑的建筑面积如何计算？

(3)利用坡屋顶内空间时,净高超过2.10m的部位应该如何计算建筑面积？净高在1.20~2.10m的部位应该如何计算建筑面积？净高不足1.20m的部位应该如何计算建筑面积？

(4)地下室应该如何计算建筑面积？采光井、防水保护墙及有永久性顶盖的出入口是否需要计算建筑面积？

(5)建筑物的门厅、大厅如果超过一层，应该如何计算建筑面积？

(6)建筑物间有顶盖和围护结构的架空走廊应该如何计算建筑面积？而有顶盖无维护结构的架空走廊又该如何计算建筑面积？

(7)建筑物外有围护结构的落地橱窗、门斗、挑廊、走廊、檐廊，应该如何计算建筑面积？

(8)建筑物顶部有围护结构的楼梯间、水箱间、电梯机房，应该如何计算建筑面积？

(9)设有围护结构不垂直于水平面而超出底板外沿的建筑物，应该如何计算建筑面积？

(10)建筑物内的室内楼梯间、电梯井、观光电梯井、提物井、管道井、通风排气竖井、通风道、附墙烟囱是否需要从建筑面积中扣除?

(11)某工程雨篷结构的外边线至外墙结构外边线的宽度分别为1.8m和2.2m时,该雨篷是否可以计算建筑面积?为什么?

(12)某工程有一层无顶盖的室外楼梯,其水平投影面积为$20m^2$,该室外楼梯的建筑面积是多少?如果该室外楼梯有四层,但是无永久性顶盖,那么建筑面积又将是多少?

(13)建筑物的阳台和露台的区别是什么?它们的建筑面积应该如何计算?

(14)以幕墙作为围护结构的建筑物和外墙外侧有保温隔热层的建筑物应该如何计算建筑面积?

(15)坡地建筑物吊脚架空层和深基础架空层建筑面积如何计算?

(16)建筑物内有变形缝时,建筑面积如何计算?

(17)高低连跨的单层建筑物应该如何计算建筑面积?

(18)同一建筑物如结构、层数不同时,应该如何计算建筑面积?

(19)室外台阶、单层无顶盖的室外楼梯、建筑物内的设备管道夹层、装饰性阳台及幕墙、飘窗、室外空调搁板是否计算建筑面积?

(20)试计算图1-1的建筑面积。

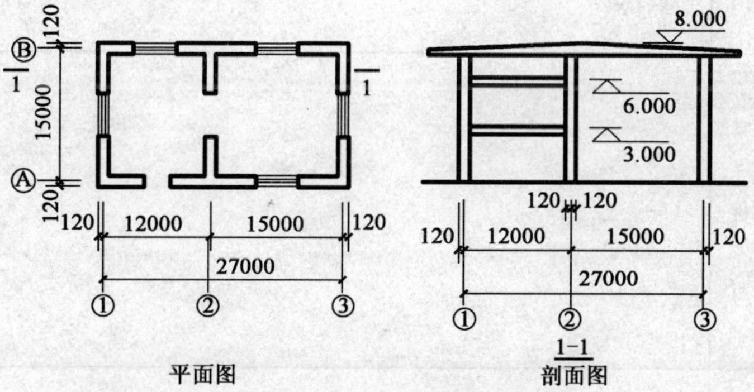

图1-1 单层厂房平面及剖面图(尺寸单位:mm)

(21)试计算图 1-2 的建筑面积。

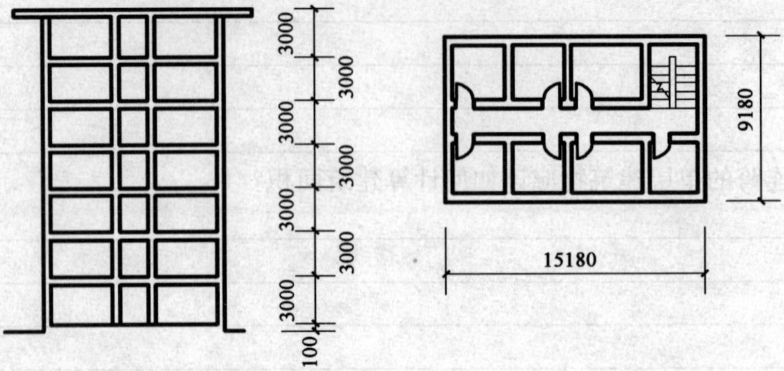

图 1-2　多层建筑平面图(尺寸单位:mm)

(22)请根据建筑面积计算规则,完成表 1-1 的填写。

建筑面积汇总表　　表 1-1

计算全面积的构件	
计算二分之一面积的构件	
不计算面积的构件	

引导问题 2：请根据附录一中的图纸，计算综合办公楼的建筑面积。

（1）请根据附图 1-2 ~ 附图 1-6，判断在该图纸中有哪些构件需要计算面积，哪些构件计算二分之一面积，哪些构件不能计算建筑面积。

（2）根据附图 1-2，试计算一层建筑面积。

（3）试根据附图 1-3 ~ 附图 1-6，计算二层至顶层的建筑面积。

引导问题 3：利用建筑面积可以确定哪些重要技术经济指标？这些指标如何计算？

提示：

（1）每平方米工程造价 $=\dfrac{\text{工程造价}}{\text{建筑面积}}$（元/$m^2$）。

（2）每平方米人工消耗 $=\dfrac{\text{单位工程用工量}}{\text{建筑面积}}$（工日/$m^2$）。

（3）每平方米材料消耗 $=\dfrac{\text{单位工程某材料用量}}{\text{建筑面积}}$（kg/$m^2$、$m^3/m^2$）。

（4）每平方米机械台班消耗 $=\dfrac{\text{单位工程某机械台班用量}}{\text{建筑面积}}$（台班/$m^2$）。

（5）每平方米工程量 $=\dfrac{\text{单位工程某项工程量}}{\text{建筑面积}}$（$m^2/m^2$、$m^3/m^2$）。

名词解释：

(1)架空层——建筑物深基础或坡地建筑物吊脚架空部位不回填土石方形成的建筑空间。

(2)檐廊——设置在建筑物底层出檐下的水平交通空间。

(3)架空走廊——建筑物与建筑物之间，在二层或二层以上专门为水平交通设置的走廊。

(4)围护结构——围合建筑空间四周的墙体、门、窗等。

(5)围护性幕墙——直接作为外墙起围护作用的幕墙。

(6)永久性顶盖——经规划批准设计的永久使用的顶盖。

(7)落地橱窗——突出外墙面根基落地的橱窗。

(8)自然层——按楼板、地板结构分层的楼层。

(9)门斗——在建筑物出入口设置的起分隔、挡风、御寒等作用的建筑过渡空间。

(10)勒脚——建筑物的外墙与室外地面或散水按触部位墙体的加厚部分。

四、任务评价

1. 完成表1-2的填写。

任务评价表 表1-2

考核项目	分数			学生自评	小组互评	教师评价	小计
	差	中	好				
是否具备团队合作精神	1	3	5				
是否积极参与活动	1	3	5				
工作过程安排是否合理规范	2	10	18				
陈述是否完整、清晰	1	3	5				
是否正确灵活运用已学知识	2	6	10				
是否遵守劳动纪律	1	3	5				
此次建筑面积计算范围的判断是否准确	2	4	6				
此次建筑面积的计算是否准确	2	4	6				
总计	12	36	60				
教师签字：				年 月 日		得分	

2. 自我总结。

(1)完成此次任务过程中存在的主要问题有哪些？

(2)产生问题的原因有哪些？

(3)请提出相应的解决方法：

(4)你认为还需加强哪方面的指导(可从实际工作过程及理论知识方面考虑)？

五、拓展训练

试计算四川交通职业技术学院第二教学楼的建筑面积。

任务二　土石方工程量计算

一、任务描述

本综合办公楼计算完建筑面积之后，请根据附图 2-2、附图 2-3 及施工方案计算土石方工程量，土石方工程是施工过程中非常重要的环节，同时也是工程量的重要分部。请根据附录一和附录二中综合办公楼图纸及相关资料，计算该工程平整场地、挖土方及土方回填的工程量。

二、学习目标

通过本任务的学习，你应当能：

1. 根据图纸、施工方案及工程量计算规则计算平整场地工程量；
2. 根据图纸、施工方案及工程量计算规则计算挖土方工程量；
3. 根据图纸、施工方案及工程量计算规则计算土方回填工程量；
4. 根据图纸、施工方案及工程量计算规则计算土方运输工程量。

三、任务实施

(一)任务引入

引导问题：土石方工程是施工的第一步，同时也是工程量计算的第一个分部，综合办公楼项目的土石方工程量应该计算哪些内容？同一个工程，施工方案不同，土石方工程量是否相同？

(二)学习准备

引导问题：土石方工程量计算需要有哪些准备？

1. 土石方施工有哪些步骤？

2. 要准确计算土石方工程量需要准备哪些资料？

3. 请根据附图2-2、附图2-3，确定土石方工程量的计算方案。

提示：

(1)土壤及岩石类别的确定。

(2)地下水位标高及排水方法。

(3)土方、沟槽、基坑挖填土的起止标高、施工方法及运距。

(4)土石方清运的方法及运距。

(三)任务实施

引导问题1：请根据附图2-2、附图2-3及前面制订出的施工方案，小组讨论平整场地的计算规则。

(1)平整场地计算规则中建筑首层面积与首层建筑面积等同吗？两者有什么区别？

(2)平整场地的计算规则适用于±300mm以内的挖填找平，如果尺寸超过±300mm的平整场地，应该按照什么规则计算工程量？

引导问题3：请根据附图2-2、附图2-3，确定综合办公楼工程的土石方工程量应该如何计算。

挖基坑的清单和定额计算公式是什么？试计算附图2-2、附图2-3中JC1、JC2的挖土方清单及定额工程量。

提示：

(1)清单计算法为垫层底面积乘以挖土深度。

(2)定额计算法要考虑放坡及工作面所增加的工程量，放坡及工作面尺寸见定额和施工方案，计算示意图如图1-7所示，现场图如图1-8所示。

(3)$V_{定额}=(a+2c+KH)\times(b+2c+KH)\times H+1/3\times K^2H^3$

式中：a——基坑长，mm；

b——基坑宽，mm；

c——工作面宽，mm；

K——放坡系数；

H——基坑深，m。

(4)$V_{清单}=a\times H\times L$

式中符号意义同前。

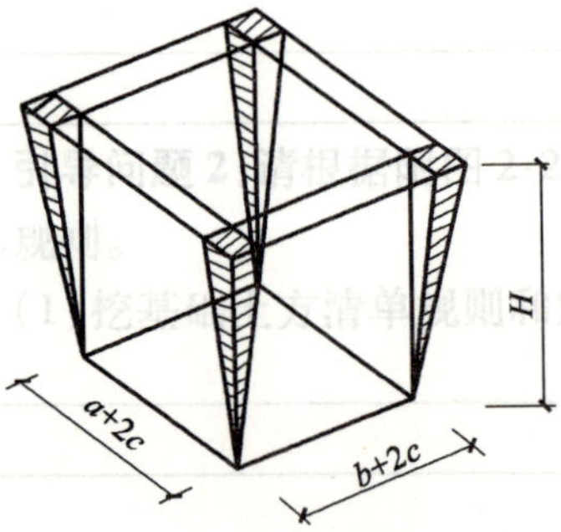

图1-7　基坑示意图

图1-8　现场施工图

引导问题4：请根据附图2-2、附图2-3及前面制订出的施工方案，确定土方回填的计算规则。

(1)土方回填包括哪些内容？

(2)基础回填的工程量如何计算？根据附图 2-2、附图 2-3，计算图中 JC1、JC2 的土方回填工程量。

提示：

(1)基础回填工程量按挖方体积减去室外设计地坪以下埋设的基础体积(包括垫层及其他构筑物)，现场施工图如图 1-9 所示。

(2)$V_{回} = V_{挖} - V_{垫} - V_{基} - V_{柱}$。

图 1-9 现场施工图

(3)室内回填工程量规则是什么？试根据附图 2-2、附图 2-3，计算①～③/Ⓐ～Ⓑ房间的室内回填工程量。

提示：

(1)室内回填的工程量按主墙间净面积乘以回填厚度计算。室内回填是为了形成室内外地坪高差，现场施工图如图1-10所示。

(2)$V_{回} = S \times H$

式中：S——基础底面积，m^2；

H——基础深度，m。

图1-10 现场施工图

引导问题5：请根据附图2-2、附图2-3及前面制订出的施工方案，小组讨论土方运输的计算规则。

(1)土方运输中什么时候需要余土外运？什么时候需要买土回填？

(2)请根据附录一和附录二图纸中综合办公楼施工方案，确定该工程的哪些土方过程需要进行土方运输。

四、任务评价

1. 完成表 1-3 的填写。

任务评价表　　表 1-3

考核项目	分数			学生自评	小组互评	教师评价	小计
	差	中	好				
是否具备团队合作精神	1	3	5				
是否积极参与活动	1	3	5				
工作过程安排是否合理规范	2	10	18				
陈述是否完整、清晰	1	3	5				
是否正确灵活运用已学知识	2	6	10				
是否遵守劳动纪律	1	3	5				
此次土石方工程量计算项目是否完整	2	4	6				
此次土石方工程量计算是否准确	2	4	6				
总计	12	36	60				
教师签字：				年　月　日		得分	

2. 自我总结。

(1) 完成此次任务过程中存在的主要问题有哪些？

(2) 产生问题的原因有哪些？

(3) 请提出相应的解决方法：

(4)你认为还需加强哪方面的指导(可从实际工作过程及理论知识方面考虑)?

五、拓展训练

请按表1-4的要求,根据附图2-2、附图2-3计算综合办公楼工程中所有土石方项目的工程量。

工程量计算表　　　　表1-4

序号	项目名称	部位	计算式	单位	数量

任务三　桩与地基基础工程量计算

一、任务描述

综合办公楼工程土方开挖后，发现地基软弱，不能满足承载力设计值的要求，需打桩进行地基处理，同时由于施工场地狭窄，基坑大开挖不能直接放坡来防止边坡垮塌，而是必须进行边坡支护。请根据附图2-2、附图2-3及相关资料，计算出该工程桩基与边坡支护的工程量。

二、学习目标

通过本任务的学习，你应当能：

1. 准确识读桩与地基基础工程图纸；
2. 根据图纸、施工方案及工程量计算规则计算桩制作安装工程量；
3. 根据图纸、施工方案及工程量计算规则计算接桩工程量；
4. 根据图纸、施工方案及工程量计算规则计算锚杆、土钉支护工程量。

三、任务实施

（一）任务引入

引导问题：综合办公楼工程如果采用桩基础，则需要计算桩基础和护壁的工程量，计算前请查阅资料回答以下问题。

1. 桩基础的分类有哪些？

提示：

（1）预制钢筋混凝土桩。
（2）混凝土灌注桩。
（3）砂石灌注桩。
（4）灰土挤密桩。
（5）旋喷桩。
（6）喷粉桩。

2. 地基与边坡处理的方法在清单项目里有哪些？

提示：

(1)锚杆、土钉支护清单工程量计算规则是按设计图示尺寸以支护面积计算。

(2)锚杆、土钉支护清单工程量计算要分为钻孔、安放锚杆土钉、灌浆和喷射混凝土四个部分，其中钻孔、灌浆工程量为钻孔长度，安放土钉锚杆工程量为土钉或锚杆的重量，喷射混凝土工程量为喷射的面积。

引导问题 2：如果综合办公楼工程地基采用如图 1-12 所示的振冲灌注碎石桩方式进行处理，其工程量的计算规则是什么？

提示：

振冲灌注碎石桩清单工程量规则是按设计图示孔深乘以孔截面积所得的体积来计算。

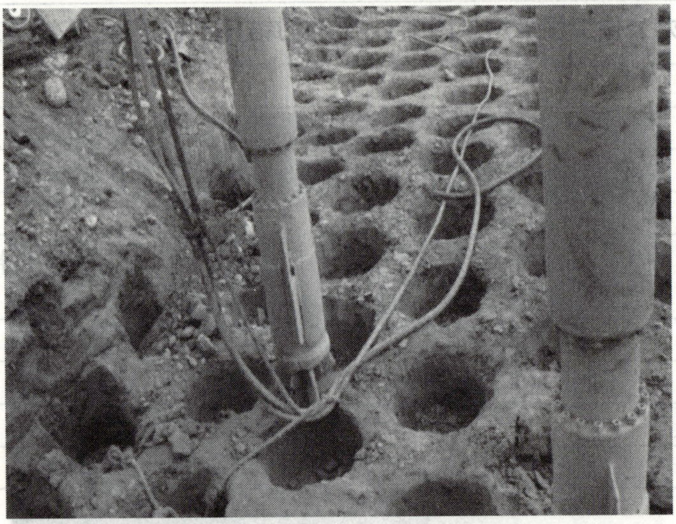

图 1-12 振冲灌注碎石桩现场施工图

引导问题 3：如果综合办公楼工程采用地基强夯的方式来处理地基，那么其清单工程量规则是什么？

> **提示：**
>
> 强夯的工程量按设计图示尺寸以面积计算。

四、任务评价

1. 完成表 1-5 的填写。

任 务 评 价 表 表 1-5

考核项目	分数			学生自评	小组互评	教师评价	小计
	差	中	好				
是否具备团队合作精神	1	3	5				
是否积极参与活动	1	3	5				
工作过程安排是否合理规范	2	10	18				
陈述是否完整、清晰	1	3	5				
是否正确灵活运用已学知识	2	6	10				
是否遵守劳动纪律	1	3	5				
通过该任务的学习，是否掌握各种桩基础和地基处理的规则	2	4	6				
此次桩与地基基础工程量计算是否准确	2	4	6				
总计	12	36	60				
教师签字：				年 月 日		得分	

2. 自我总结。

（1）完成此次任务过程中存在的主要问题有哪些？

（2）产生问题的原因有哪些？

（3）请提出相应的解决方法：

（二）学习准备

引导问题：完成钢筋混凝土工程量计算需要哪些知识准备？

1. 完成该任务需要哪些资料？

2. 如何识读钢筋混凝土平法标注的图纸？图纸中的标注表达什么含义？

（三）任务实施

引导问题 1：请根据附图 2-2、附图 2-3，计算该项目基础混凝土工程量及钢筋工程量。

（1）独立基础和带形基础混凝土工程量分别如何计算？

（2）有梁式满堂基础和无梁式满堂基础混凝土工程量分别如何计算？

（3）基础钢筋是如何布置的？工程量如何计算？

（4）计算附图 2-2、附图 2-3 中 JC1、JC3 的混凝土工程量及钢筋工程量。

提示：

(1)基础工程量按照图示体积计算。

(2)独立基础工程量只能计算放脚部分体积。

(3)无梁式满堂基础，柱帽并入基础内计算；有梁式满堂基础，梁板并入基础内计算。

(4)基础内钢筋分布在基础底部，钢筋长度是根据图纸中钢筋间距来计算的，详见基础钢筋布置图1-15。

钢筋长度=钢筋根数×每根钢筋长度

图1-15　基础钢筋布置图

引导问题2：请根据附图2-3、附图2-4及《03G101—1》图集，计算图纸中柱的混凝土及钢筋工程量。

(1)框架柱的混凝土体积如何计算？请根据附图2-4计算KZ1的混凝土体积。

(2)框架柱钢筋有哪些？

(3)框架柱纵向钢筋如何计算？角柱、边柱、中间柱的钢筋长度是否一样？请根据附图2-4，计算 KZ1 的所有纵向钢筋工程量。

(4)框架柱箍筋如何计算？请根据附图 2-4，计算 KZ1 的箍筋工程量。

提示：

(1)框架柱混凝土工程量按柱截面积乘以柱高计算，柱高指柱基上表面至柱顶的高度，如果通长的柱子就算到屋面板上表面。

(2)框架柱钢筋 = 基础插筋 + 中间层钢筋长度 + 顶层锚固长度，如图 1-16 所示。

①基础插筋 = 基础底板厚度 − 保护层厚度 + 伸入上层的钢筋长度 + max{10d, 200mm}

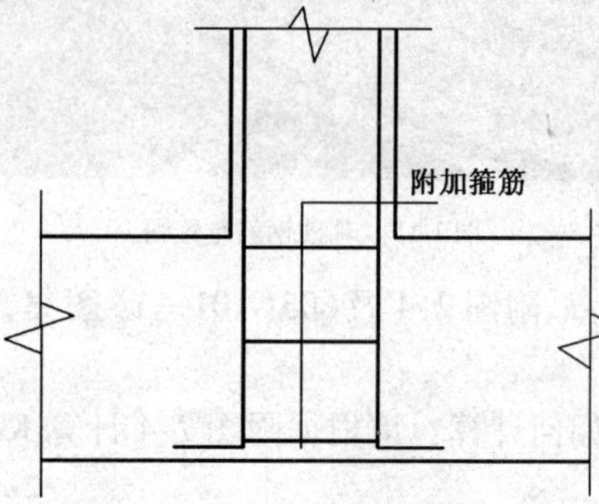

图 1-16　基础插筋

②基础内箍筋。

基础内箍筋仅起到一个稳固的作用，也可以说是防止钢筋在浇注时受到扰动。一般是按 2 根进行计算，如图 1-17 所示。

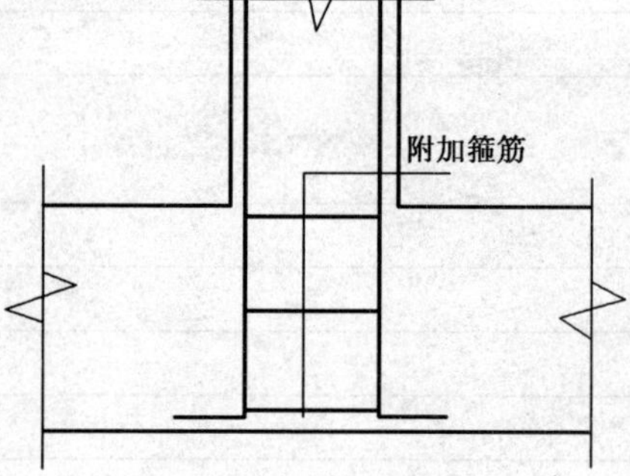

图 1-17　基础内箍筋

③角柱纵向钢筋。

角柱纵筋长度 = 各层层高 + 顶层钢筋锚固值

a. 外侧钢筋锚固长度如下。

柱顶部第一层，≥$1.5l_{aE}$（与梁上部纵筋搭接）；

≥梁高 - 保护层 + 柱宽 - 保护层 + $8d$（弯入柱内）

柱顶部第二层，≥梁高 - 保护层 + 柱宽 - 保护层

b. 内侧钢筋锚固长度如下。

直锚，梁高 - 保护层≥l_{aE}时，梁高 - 保护层；

弯锚，梁高 - 保护层<l_{aE}时，梁高 - 保护层 + $12d$

④边柱同角柱。

⑤中间柱纵向钢筋。

中间柱纵筋长度 = 各层层高 - 顶层梁高 + 锚固长度

⑥柱箍筋

《混凝土结构施工图平面整体表示方法制图规则和构造详图（现浇混凝土框架、剪力墙、框架—剪力墙、框支剪力墙结构）》（03G101—1）中，关于柱箍筋加密区的规定如下。

KZ 中间层的箍筋根数 = N 个加密区/加密区间距 + N + 非加密区/非加密区间距 - 1

a. 首层柱箍筋的加密区有三个，分别为下部的箍筋加密区长度取 $H_n/3$；上部取 max{500mm，柱长边尺寸，$H_n/6$}；梁节点范围内加密；如果该柱采用绑扎搭接，那么搭接范围内同时需要加密。

b. 首层以上柱箍筋分别为上、下部的箍筋加密区长度均取 max{500mm，柱长边尺寸，$H_n/6$}；梁节点范围内加密；如果该柱采用绑扎搭接，那么搭接范围内同时需要加密。

（5）请根据附图 1-2，计算一层平面图中构造柱的混凝土及钢筋工程量。

提示：

构造柱混凝土工程量中要包括马牙槎的体积。

构造柱体积 = 柱高 ×（墙厚 × 墙厚 + 0.03 × 墙厚 × 马牙槎个数）

引导问题 3：请根据附图 2-10 及《03G101—1》图集，计算图纸中框架梁的混凝土及钢筋工程量。

(1)框架梁的混凝土体积如何计算？请根据附图 2-10，计算二层梁配筋图中 KL1 的混凝土体积。

(2)框架梁的钢筋有哪些分类？

(3)框架梁的纵向受力钢筋、架立筋如何计算？请根据附图 2-10，计算二层梁配筋图中 KL1 的所有纵向钢筋工程量。

(4)框架梁箍筋、拉结钢筋如何计算？请根据附图 2-10，计算二层梁配筋图中 KL1 的箍筋、拉结筋工程量。

(5)梁配筋图中主次梁相交处的吊筋如何计算工程量？请根据附图 2-10，计算二层梁配筋图中吊筋工程量。

提示：

(1)首尾跨钢筋的长度计算。

①上部贯通筋。

上部贯通筋长度 = 通跨净跨长 + 首尾端支座锚固值

②端支座负筋。

端支座负筋长度是第一排为 $L_n/3$ + 端支座锚固值，第二排为 $L_n/4$ + 端支座锚固值。

③下部钢筋。

下部钢筋长度 = 净跨长 + 左右支座锚固值

④腰筋。

构造钢筋的构造钢筋长度 = 净跨长 + $2\times15d$，抗扭钢筋的算法同贯通钢筋。

⑤拉筋。

拉筋长度 =（梁宽 − 2 × 保护层）+ $2\times11.9d$（抗震弯钩值）+ $2d$

拉筋根数的确定。如果我们没有在平法输入中给定拉筋的布筋间距，那么拉筋的根数 =（箍筋根数/2）×（构造筋根数/2）；如果给定了拉筋的布筋间距，那么拉筋的根数 = 布筋长度/布筋间距。

⑥箍筋。

箍筋长度 =（梁宽 − 2 × 保护层 + 梁高 − 2 × 保护层）+ $2\times11.9d+8d$

箍筋根数 =（加密区长度/加密区间距 + 1）× 2 +（非加密区长度/非加密区间距 − 1）+ 1

⑦吊筋。

吊筋长度 = 2 × 锚固 + 2 × 斜段长度 + 次梁宽度 + 2 × 50，其中框梁高度 > 800mm 时，夹角 = 60°；框架梁高度 ≤ 800mm 时，夹角 = 45°。

(2)中间跨钢筋的计算。

中间支座负筋的长度是第一排为 $L_n/3$ + 中间支座值 + $L_n/3$；第二排为 $L_n/4$ + 中间支座值 + $L_n/4$。

注意：当中间跨两端的支座负筋延伸长度之和大于或等于该跨的净跨长时，其钢筋长度是第一排为该跨净跨长 +（$L_n/3$ + 前中间支座值）+（$L_n/3$ + 后中间支座值）；第二排为该跨净跨长 +（$L_n/4$ + 前中间支座值）+（$L_n/4$ + 后中间支座值）。

(6)圈梁的混凝土及钢筋工程量如何计算？

(7)过梁的设置原则是怎样的？过梁的混凝土及钢筋工程量如何计算？

引导问题4：请根据附图2-5及《03G101—1》图集，计算图纸中楼板的混凝土及钢筋工程量。

(1)混凝土板的分类有哪些？请根据附图2-5，计算二层板配筋图的混凝土体积。

提示：

(1)有梁板＝梁体积＋板体积。

(2)无梁板＝板体积＋柱帽体积。

(3)悬挑板与楼板的分界线为外墙外皮。

(2)板中的钢筋有哪些分类？

(3)板的上部受力钢筋和下部受力钢筋如何计算？请根据附图2-5，计算二层板配筋图中所有板的受力钢筋工程量。

(4)板的分布钢筋和马铁的作用分别是什么？请根据附图 2-5，计算二层板配筋图中的所有板的分布钢筋工程量。

引导问题 5：剪力墙的混凝土及钢筋工程量如何计算？

(1)剪力墙的混凝土体积如何计算？

(2)剪力墙的受力钢筋有哪些？如何计算其工程量？

提示：

(1)剪力墙体积按图示长度尺寸乘以设计高度及墙体厚度，以立方米计算。长度是外墙按外墙中心线长度计算，内墙按墙间净长线长度计算。高度是墙高度算至板上皮。

剪力墙混凝土工程量 =（长度 × 设计高度 − 门窗洞口面积）× 墙厚

(2)剪力墙钢筋计算分类，如图 1-18 所示。

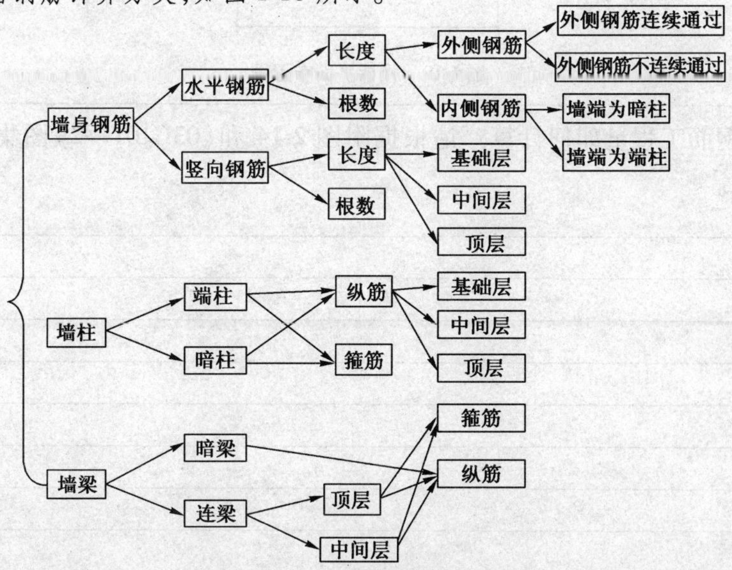

图 1-18　剪力墙钢筋计算分类图

引导问题 6：请根据附图 2-14 及《03G101—2》图集，计算图纸中楼梯的混凝土及钢筋工程量。

(1)楼梯的混凝土体积如何计算？请根据附图 2-14，计算图纸中楼梯的混凝土体积。

提示：

整体楼梯包括休息平台、平台梁、楼梯底梁、斜梁及楼梯的连接梁、楼梯段，按水平投影面积计算，不扣除宽度小于 500mm 的楼梯井，伸入墙内部分不另增加。踏步旋转楼梯按其楼梯部分的水平投影面积乘以周数计算(不包括中心柱)，如图 1-19 所示。

当 $b \leqslant 500$mm 时，$S = A \times B$；当 $b > 500$mm 时，$S = A \times B - a \times b$

式中：a——楼梯段水平长度，mm；

b——楼梯井宽度，mm；

A——休息平台至楼梯梁长度或至楼梯最后一个踏步向外加 300mm；

B——楼梯净宽，mm。

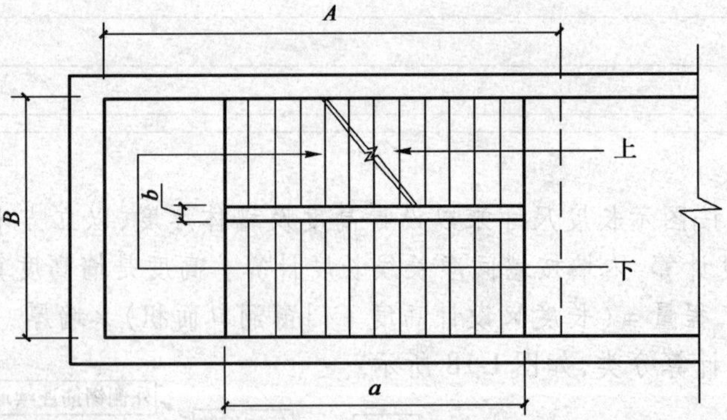

图 1-19　楼梯平面布置图

(2)楼梯的钢筋工程量如何计算？请根据附图 2-14 和《03G101—2》图集，计算图纸中楼梯的钢筋工程量。

四、任务评价

1. 完成表 1-6 的填写。

任 务 评 价 表　　　　表 1-6

考 核 项 目	分　数			学生自评	小组互评	教师评价	小　计
	差	中	好				
是否具备团队合作精神	1	3	5				
是否积极参与活动	1	3	5				
工作过程安排是否合理规范	2	10	18				
陈述是否完整、清晰	1	3	5				
是否正确灵活运用已学知识	2	6	10				
是否遵守劳动纪律	1	3	5				
此次钢筋混凝土工程量计算是否能够准确识读图纸	2	4	6				
此次钢筋混凝土工程量计算是否准确	2	4	6				
总　计	12	36	60				
教师签字：				年　月　日		得　分	

2. 自我总结。

(1)完成此次任务过程中存在的主要问题有哪些？

(2)产生问题的原因有哪些？

(3)请提出相应的解决方法：

(4)你认为还需加强哪方面的指导(可从实际工作过程及理论知识方面考虑)？

2. 计算砌筑工程量需要查看哪些图纸？

3. 请制订砌筑工程的计算方案。

（三）任务实施

引导问题：请根据附图 1-2 ~ 附图 1-6 及《建设工程工程量清单计价规范》（GB 50500—2008），计算综合办公楼工程的砌筑工程工程量。

1. 综合办公楼工程是否有砖基础？砖基础与墙身分界线的规则是什么？砖基础工程量计算规则是什么？

提示：

（1）砖基础与砖墙身的分界线。当基础与墙身为同一种材料时，以设计室内地坪为分界线；当基础与墙身材料不同时，位于设计室内地面 ±300mm 以内的，以不同材料为分界线；超过 ±300mm 的，以设计室内地面为分界线。

（2）外墙按设计外墙中心线长度、内墙按设计内墙净长线长度乘以设计断面计算。基础大放脚 T 形接头处的重叠部分以及嵌入基础的钢筋、铁件、管道、基础防潮层、单个面积在 $0.3m^2$ 以内的孔洞所占体积不予扣除，但靠墙暖气沟的挑檐亦不增加，附墙垛基础宽出部分体积并入基础工程量内。

2. 综合办公楼工程采用什么材料来砌筑砖墙？试根据附图 1-2，计算一层①/Ⓐ ~ Ⓓ轴的砖墙体积。

3. 试根据附图 1-4，计算综合办公楼三层①～⑨/Ⓑ轴的砖墙体积。

4. 综合办公楼工程的散水、台阶施工使用的是什么材料？如果为砖砌，其工程量应该如何计算？

5. 综合办公楼工程是否还有其他零星工程项目？如果有，那么其工程量如何计算？

提示：

(1) 实心砖墙按设计图示尺寸以体积计算，墙体长度为外墙按中心线，内墙按净长线计算。扣除门窗洞口、过人洞、空圈；嵌入墙身的钢筋混凝土柱、梁（包括过梁、圈梁、挑梁）、砖平旋、砖过梁、暖气包壁龛及内墙板头的体积；不扣除梁头、外墙板头、檩头、垫木、木楞头、沿椽木、木砖、门窗走头、墙内的加固钢筋、木筋、铁件、钢管及每个面积在 0.3m^2 以内的孔洞等所占体积；但突出墙面的窗台虎头砖、压顶线、山墙泛水、烟囱根、门窗套及三皮砖以内的腰线和挑檐等体积亦不增加。墙垛、三皮砖以上的腰线和挑檐等体积，并入墙身体积内计算。

①外墙墙体的高度计算。当屋面为斜（坡）屋面时，分别有三种情况。

a. 无檐口顶棚者即无屋架无顶棚，其高度算至屋面板底，如图 1-20 所示。

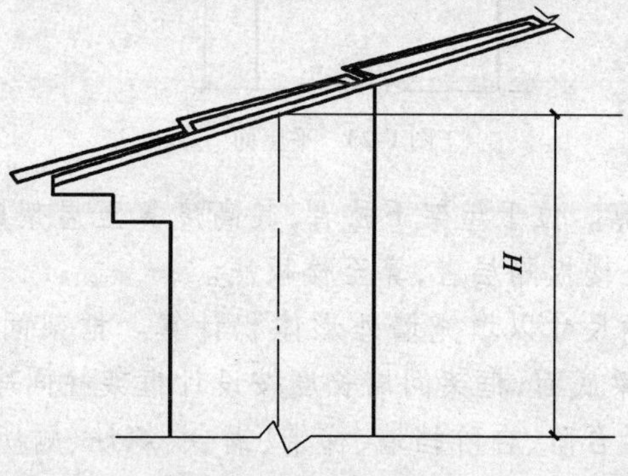

图 1-20　无檐口顶棚

b. 有屋架，有顶棚者，其高度算至屋架下弦底另加 200mm，如图 1-21 所示。

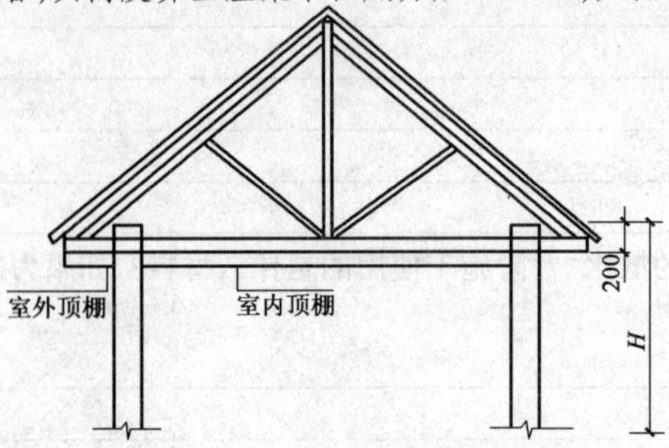

图 1-21　有屋架有顶棚（尺寸单位：mm）

c. 有屋架，无顶棚者，其高度算至屋架下弦底另加 300mm，如图 1-22 所示。

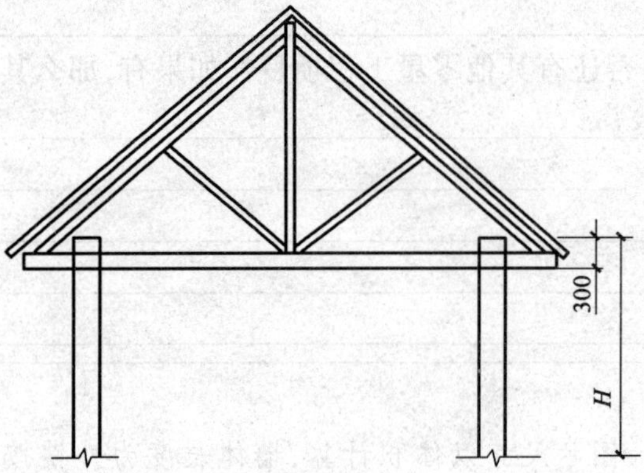

图 1-22　有屋架无顶棚（尺寸单位：mm）

当屋面为平屋面时，外墙高度算至钢筋混凝土板顶，山墙高度按其平均高度计算，女儿墙高度自外墙顶面算至混凝土压顶底面，如图 1-23 所示。

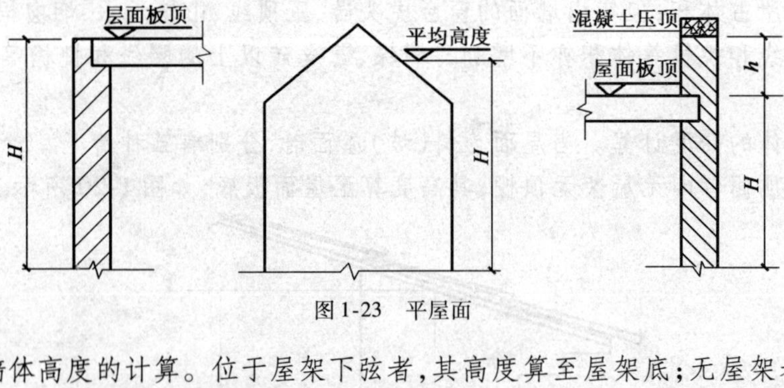

图 1-23　平屋面

②内墙墙体高度的计算。位于屋架下弦者，其高度算至屋架底；无屋架者算至顶棚底另加 100mm；有钢筋混凝土楼板隔层者，算至楼板底。

(2) 填充墙按设计图示尺寸以填充墙外形体积计算。框架间墙高度是由内外墙自框架梁顶面算至上一层框架梁底面，框架间墙长度按设计框架柱间净长线计算。

(3) 零星砌砖项目包括台阶、台阶挡墙、梯带、锅台、炉灶、厕所蹲台、小便池池槽、水槽腿、花台、砖墩、花池、楼梯栏板、阳台栏板和地垄墙等项目。锅台与炉灶按外形尺寸以个计算，台阶按水平投影面积计算，小便池池槽与地垄墙按长度计算，其他工程量按立方米计算。

四、任务评价

1. 完成表1-8的填写。

任务评价表　　表1-8

考核项目	分数			学生自评	小组互评	教师评价	小计
	差	中	好				
是否具备团队合作精神	1	3	5				
是否积极参与活动	1	3	5				
工作过程安排是否合理规范	2	10	18				
陈述是否完整、清晰	1	3	5				
是否正确灵活运用已学知识	2	6	10				
是否遵守劳动纪律	1	3	5				
此次砌筑工程量计算是否有漏项	2	4	6				
此次砌筑工程量计算是否准确	2	4	6				
总计	12	36	60				
教师签字：				年　月　日		得分	

2. 自我总结。

(1)完成此次任务过程中存在的主要问题有哪些？

(2)产生问题的原因有哪些？

(3)请提出相应的解决方法：

(4)你认为还需加强哪方面的指导(可从实际工作过程及理论知识方面考虑)?

五、拓展训练

1. 请按表1-9的要求,根据附录一和附录二中的图纸计算综合办公楼工程的砌筑工程工程量。

工程量计算表 表1-9

序号	项目名称	部位	计算式	单位	数量

2. 试计算如图 1-24 所示的砌筑砖基础的工程量，基础详图如图 1-25 所示。

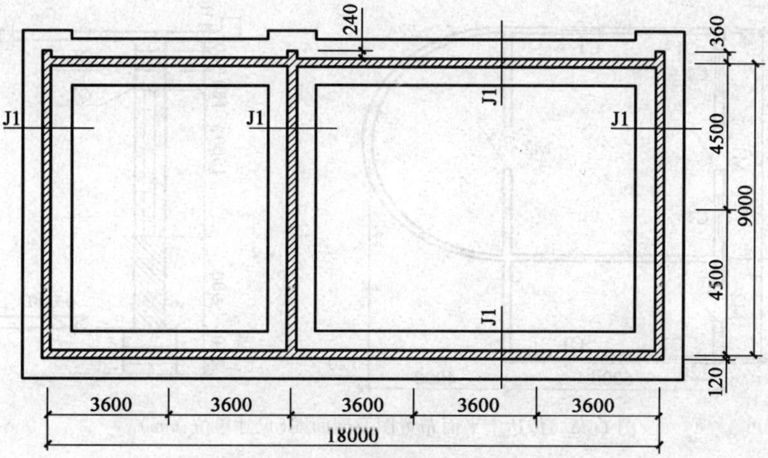

图 1-24　基础平面布置图(尺寸单位:mm)

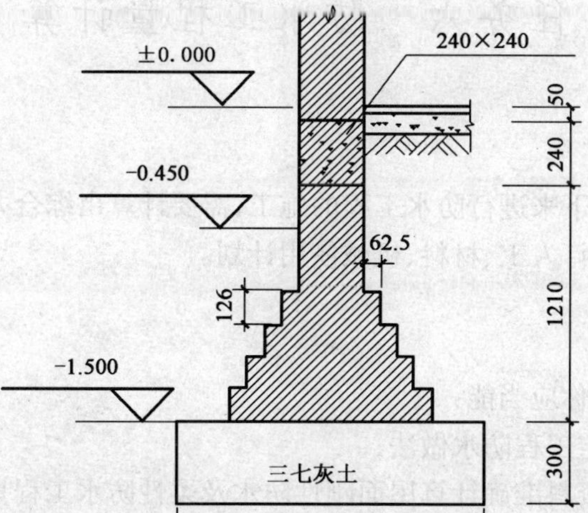

图 1-25　基础详图(尺寸单位:mm)

3. 某传达室，如图 1-26 所示，砖墙体用 M2.5 混合砂浆砌筑，M1 尺寸为 1000mm × 2400mm，M2 尺寸为 900mm × 2400mm，C1 尺寸为 1500mm × 1500mm，门窗上部均设过梁，断面为 240mm × 180mm，长度按门窗洞口宽度每边增加 250mm 计算；外墙均设圈梁（内墙不设），断面尺寸为 240mm × 240mm，试计算墙体工程量。

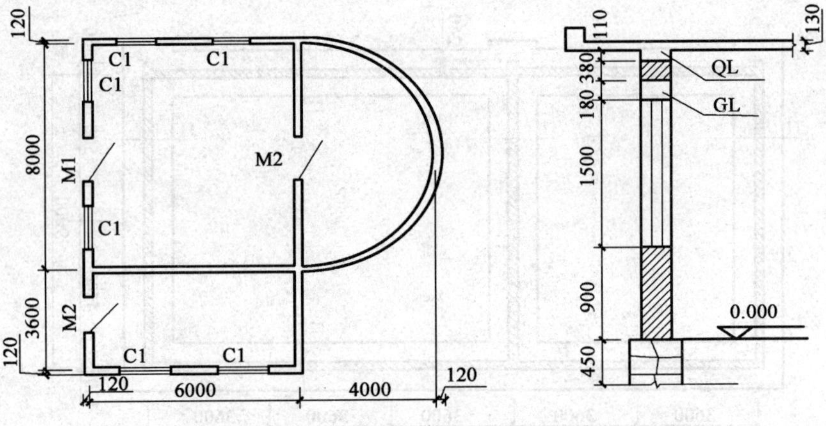

图 1-26　传达室平面布置图及剖面图（尺寸单位：mm）

任务六　防水工程量计算

一、任务描述

砌筑工程完成后，接下来进行防水工程的施工，需要计算出综合办公楼工程中所有涉及防水工程的工程量，以便制订人工、材料、机械使用计划。

二、学习目标

通过本任务的学习，你应当能：

1. 根据图纸准确确定工程防水做法；
2. 根据图纸及相关资料准确计算屋面刚性防水及柔性防水工程量；
3. 根据图纸及相关资料准确计算墙面、地面防水工程量；
4. 根据图纸及相关资料准确计算变形缝工程量。

三、任务实施

（一）任务引入

引导问题：砌筑工程完工后，拟工程主体施工完成，主体工程完成后需要进行防水工程施工，请根据附图 1-1 ~ 附图 1-6 及《建设工程工程量清单计价规范》（GB 50500—2008）确定以下问题。

1. 在防水分部里，清单一共包括哪些工程项目的计算？

2. 本工程需要计算哪些部位的防水工程量？

3. 本工程是否有变形缝？变形缝如何计算工程量？

（二）学习准备

引导问题：在开始计算防水工程工程量之前，请先回答以下问题。

1. 本工程计算需要哪些资料？

2. 计算防水工程量需要查看哪些图纸？

3. 请制订本工程的计算方案。

（三）任务实施

引导问题：请根据附图 1-1 ~ 附图 1-6 及《建设工程工程量清单计价规范》（GB 50500—2008），计算综合办公楼工程的防水工程量。

1. 综合办公楼工程屋面采用的是刚性防水还是柔性防水？如果本工程屋面的防水为刚性防水，试根据附图 1-1、附图 1-6 计算屋面刚性防水工程量。

2. 刚性防水的清单项目里包括哪些定额项目？这些定额项目的工程量如何计算？

> **提示：**
>
> 刚性防水清单项目里包括了防水、分格缝这两项定额项目，防水工程量的计算同清单工程量计算规则，分格缝工程量按缝的长度计算。

3. 如果综合办公楼采用的是卷材防水，请根据附图 1-1、附图 1-6 计算屋面卷材防水清单工程量。卷材防水清单项目一般包含哪些定额项目？各定额项目的工程量如何计算？

> **提示：**
>
> 卷材防水清单项目包括了防水、找平层、保护层这些定额项目，防水工程量的计算同清单工程量计算规则，找平层及保护层的工程量按屋面水平投影面积计算。

3. 某建筑物轴线尺寸为50m×16m，墙厚均为240mm，四周女儿墙，无挑檐。屋面防水做法：1∶3水泥砂浆找平层15mm厚，刷冷底子油一道，二毡三油防水层，弯起250mm，请计算防水层的清单及定额工程量。

任务七　保温工程量计算

一、任务描述

由于全球能源短缺和气候环境的不断恶化，现在的建筑也越来越注重环保，为了节约能源，降低有害气体排放量，保温工程成为了现代建筑工程中不可缺少的一部分。请计算出综合办公楼工程中所有涉及保温工程的工程量，以便制订人工、材料、机械使用计划。

二、学习目标

通过本任务的学习，你应当能：

1. 根据图纸准确确定工程保温做法；
2. 根据图纸及相关资料准确计算屋面保温工程量；
3. 根据图纸及相关资料准确计算墙面、楼地面保温工程量；
4. 根据图纸及相关资料准确计算天棚面保温工程量。

三、任务实施

（一）任务引入

引导问题：请根据附录一中的图纸及《建设工程工程量清单计价规范》（GB 50500—2008）确定以下问题。

1. 在保温工程分部里，清单一共包括哪些工程项目的计算？

提示：

(1)墙体保温的清单工程量按设计图示尺寸以面积计算，扣除门窗洞口面积。门窗洞口侧壁需做保温时，其工程量并入墙体保温工程量内。

(2)墙体保温的定额工程量外墙按保温层中心线长度、内墙按保温层净长线长度乘以设计高度及厚度，以立方米计算。扣除冷藏门洞口和管道穿墙洞口所占体积，门洞口侧壁周围的保温工程量，是按设计图示尺寸并入相应的墙面保温工程量内，即：

墙体保温层工程量 =(外墙保温层中心线长度 × 设计高度 − 洞口面积)× 厚度 +(内墙保温层净长度 × 设计高度 − 洞口面积)× 厚度 + 洞口侧壁体积

(3)计算定额工程量时，保温保护层的工程量需计算。

3. 如果附图1-3中的综合办公楼二层会议室需要做天棚保温，那么天棚保温的清单和定额工程量分别是多少？

提示：

(1)天棚保温的清单工程量按设计图示尺寸以面积计算，不扣除柱、垛所占面积。

(2)天棚保温定额工程量按顶棚保温层的主墙间净面积乘以设计厚度，以立方米计算。不扣除保温层内各种龙骨等所占体积，柱帽保温工程量按设计图示尺寸并入相应顶棚保温工程量内。

顶棚保温层工程量 = 主墙间净长度 × 主墙间净宽度 × 设计厚度 + 柱帽保温层体积

4. 如果附图1-3中的综合办公楼二层会议室需要做地面保温，那么地面保温的清单和定额工程量分别是多少？

提示：

(1)地面保温的清单工程量按设计图示尺寸以面积计算，不扣除柱、垛所占面积。

(2)地面保温的定额工程量按主墙间净面积乘以设计厚度，以立方米计算。扣除凸出地面的构筑物、设备基础等所占体积，不扣除柱、垛、间壁墙、烟囱等所占体积。

地面保温层工程量 =（主墙间净长度 × 主墙间净宽度 − 应扣面积）× 设计厚度

四、任务评价

1. 完成表 1-12 的填写。

任务评价表　　表 1-12

考核项目	分数			学生自评	小组互评	教师评价	小计
	差	中	好				
是否具备团队合作精神	1	3	5				
是否积极参与活动	1	3	5				
工作过程安排是否合理规范	2	10	18				
陈述是否完整、清晰	1	3	5				
是否正确灵活运用已学知识	2	6	10				
是否遵守劳动纪律	1	3	5				
此次保温工程量计算是否有漏项	2	4	6				
此次保温工程量计算是否准确	2	4	6				
总计	12	36	60				
教师签字：				年　月　日		得分	

2. 自我总结。

(1)完成此次任务过程中存在的主要问题有哪些？

(2)产生问题的原因有哪些？

（3）请提出相应的解决方法：

（4）你认为还需加强哪方面的指导（可从实际工作过程及理论知识方面考虑）？

五、拓展训练

1. 请按表1-13的要求，根据附录一中的图纸计算综合办公楼工程的所有保温工程量。

工程量计算表 表1-13

序号	项目名称	部位	计算式	单位	数量

2. 某平屋面轴线尺寸如图 1-30 所示，保温层做法：80mm 厚水泥蛭石块保温层，保温材料找坡，最薄处 80mm 厚。屋面坡度 1.5%，且双面设坡度。请计算保温层清单及定额工程量。

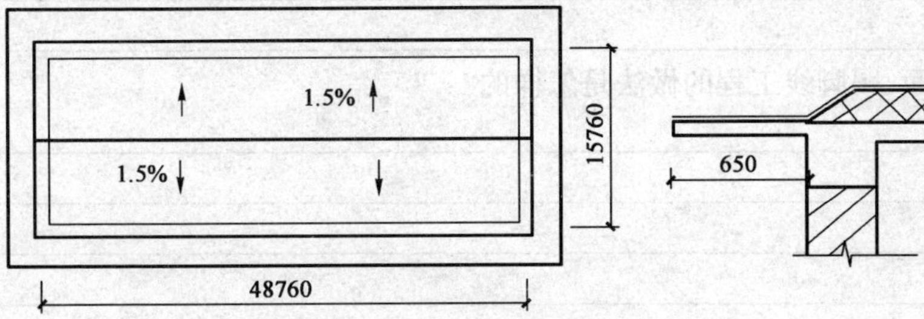

图 1-30　屋面保温平面布置图(尺寸单位：mm)

任务八　楼地面装饰工程量计算

一、任务描述

当混凝土楼板施工完成后，需要在楼板的基础上做楼地面装饰，使室内看起来整洁、美观，请根据附图 1-1 ~ 附图 1-6 和相关资料计算出综合办公楼工程中所有涉及楼地面工程的工程量，以便制订相应的人工、材料、机械使用计划。

二、学习目标

通过本任务的学习，你应当能：

1. 根据图纸准确确定工程楼地面做法；
2. 根据图纸及相关资料准确计算各种做法的楼地面工程量；
3. 根据图纸及相关资料准确计算各种做法的踢脚线工程量；
4. 根据图纸及相关资料准确计算各种做法的楼梯地面工程量；
5. 根据图纸及相关资料准确计算栏杆扶手的工程量。

三、任务实施

(一)任务引入

引导问题：当土建部分的工程量计算完成后，需要开始计算装饰部分的工程量，请根据附图 1-1 ~ 附图 1-6 及《建设工程工程量清单计价规范》(GB 50500—2008)确定以下问题。

1. 在楼地面工程分部里，清单一共包括哪些工程项目的计算？

2. 本工程需要计算哪些项目的工程量？

3. 本工程楼地面、踢脚线工程的做法是怎样的？

4. 本工程楼梯地面工程的做法是怎样的？

5. 本工程哪些地方有栏杆扶手，其做法是怎样的？

6. 楼地面按做法不同有哪些分类？不同做法的计算规则是否相同？

提示：

楼地面按做法可以分为整体面层、块料面层、其他材料面层。

(1)整体面层包括水泥砂浆楼地面、现浇水磨石楼地面、细石混凝土楼地面、菱苦土楼地面。

清单计算规则是按设计图示尺寸以面积计算。应扣除凸出地面的构筑物、设备基础等所占面积，不扣除柱、垛、间壁墙、附墙烟囱及面积在 $0.3m^2$ 以内的孔洞，但门洞、空圈、暖气包槽、壁龛的开口部分亦不增加。

(2)块料面层包括石材楼地面、块料楼地面。

清单计算规则是按设计图示尺寸以面积计算。应扣除凸出地面的构筑物、设备基础等所占面积，不扣除柱、垛、间壁墙、附墙烟囱及面积在 $0.3m^2$ 以内的孔洞，但门洞、空圈、暖气包槽、壁龛的开口部分亦不增加。

定额规则是按实铺面积计算，门洞、空圈、暖气包槽和壁龛的开口部分的工程量均计算。

(3)其他材料面层包括橡胶板楼地面、塑料板楼地面、塑料卷材楼地面、地毯楼地面、竹木地板、防静电活动地板、金属复合地板。

工程量计算规则同块料面层。

(二)学习准备

引导问题：在开始计算楼地面工程量之前，请先回答以下问题。

1. 本工程计算需要哪些资料？

2. 计算楼地面工程量需要查看哪些图纸？

3. 请制订本工程的计算方案。

四、任务评价

1. 完成表 1-14 的填写。

任务评价表　　表 1-14

考核项目	分数			学生自评	小组互评	教师评价	小计
	差	中	好				
是否具备团队合作精神	1	3	5				
是否积极参与活动	1	3	5				
工作过程安排是否合理规范	2	10	18				
陈述是否完整、清晰	1	3	5				
是否正确灵活运用已学知识	2	6	10				
是否遵守劳动纪律	1	3	5				
此次楼地面装饰工程量计算是否有漏项	2	4	6				
此次楼地面装饰工程量计算是否准确	2	4	6				
总计	12	36	60				
教师签字：				年　月	日	得分	

2. 自我总结。

(1) 完成此次任务过程中存在的主要问题有哪些？

(2) 产生问题的原因有哪些？

(3) 请提出相应的解决方法：

(4)你认为还需加强哪方面的指导(可从实际工作过程及理论知识方面考虑)?

五、拓展训练

1. 请按表1-15 的要求,根据附图1-2 ~ 附图1-6 计算综合办公楼工程的楼地面工程量。

工程量计算表 表1-15

序 号	项目名称	部 位	计 算 式	单 位	数 量

4. 在什么情况下会单独计算柱面装饰工程量？

5. 套用墙柱面装饰的零星项目应该符合什么条件？

提示：
(1)独立柱才能单独计算柱面装饰工程量。
(2)$0.5m^2$ 以内少量分散的抹灰面层和镶贴块料面层按零星项目执行。

(二)学习准备

引导问题：在开始计算墙柱面工程量之前，请先回答以下问题。

1. 本工程计算需要哪些资料？

2. 计算墙柱面工程量需要查看哪些图纸？

3. 请制订本工程的计算方案。

(三)任务实施

引导问题：请根据附图1-1～附图1-6及《建设工程工程量清单计价规范》(GB 50500—2008)，计算综合办公楼工程的墙柱面工程量。

1. 请根据附图 1-1 中综合办公楼工程装饰装修做法及附图 1-2，计算该工程一层营销办公室墙面抹灰工程的清单工程量。

提示：

(1) 内墙墙面抹灰工程量按设计图示尺寸以面积计算，应扣除门窗洞口和空圈所占的面积，不扣除踢脚板、挂镜线、面积在 $0.3m^2$ 以内的孔洞和墙与构件交接处的面积，洞口侧壁和顶面亦不增加，墙垛和附墙烟囱侧壁面积并入墙面抹灰工程量计算。

内墙高度的计算规则如下。

①有墙裙的，其高度按墙裙顶面至天棚底面之间的距离计算。

②无墙裙的，其高度按设计室内地面或楼面至天棚底面之间的距离计算。

③有天棚吊顶的，其高度按设计室内地面或楼面至天棚底面另加 100mm 计算。

内墙裙抹灰面积按内墙净长线长度乘以高度计算，应扣除门窗洞口和空圈所占的面积，门窗洞口和空圈的侧壁面积不另增加，墙垛、附墙烟囱侧壁面积并入墙裙抹灰面积内计算。

(2) 外墙抹灰按外墙垂直投影面积计算。

2. 试计算附图 1-2 中①/Ⓐ ~ Ⓓ轴外墙贴砖清单工程量及清单包括的定额工程量。

提示：

(1) 墙面贴砖工程量按设计图示尺寸以镶贴表面积计算。

(2) 镶贴块料的清单项目一般包含面层和基层打底两个定额项目

3. 请根据附图 1-6，计算综合办公楼女儿墙内侧抹灰工程量。

4. 请根据附录一中的图纸，计算综合办公楼墙柱面工程中的零星项目工程量。

5. 请根据附录一中的图纸，计算综合办公楼玻璃幕墙清单工程量及清单包括的定额工程量。

提示：

(1)玻璃幕墙清单工程量按图示框外围尺寸以面积计算，不扣除与幕墙同种材质的窗所占的面积。

(2)玻璃幕墙清单项目包括的工作内容一般有骨架制作、面层安装、嵌缝。

6. 请根据附图1-2，计算一层技术办公室隔断工程量。

四、任务评价

1. 完成表1-16的填写。

任 务 评 价 表　　表1-16

考核项目	分数			学生自评	小组互评	教师评价	小计
	差	中	好				
是否具备团队合作精神	1	3	5				
是否积极参与活动	1	3	5				
工作过程安排是否合理规范	2	10	18				
陈述是否完整、清晰	1	3	5				
是否正确灵活运用已学知识	2	6	10				
是否遵守劳动纪律	1	3	5				
此次墙柱面装饰工程量计算是否有漏项	2	4	6				
此次墙柱面装饰工程量计算是否准确	2	4	6				
总计	12	36	60				
教师签字：				年　月　日		得分	

2. 自我总结。

(1)完成此次任务过程中存在的主要问题有哪些?

(2)产生问题的原因有哪些?

(3)请提出相应的解决方法:

(4)你认为还需加强哪方面的指导(可从实际工作过程及理论知识方面考虑)?

五、拓展训练

1. 请按表 1-17 的要求,根据附图 1-1 ~ 附图 1-6 计算综合办公楼工程的墙柱面工程量。

工程量计算表　　表 1 17

序号	项目名称	部位	计算式	单位	数量

2. 木龙骨,五合板基层,不锈钢柱面尺寸如图 1-34 所示,共 4 根,龙骨断面尺寸为 30mm × 40mm,间距 250mm,试计算柱面饰面工程量。

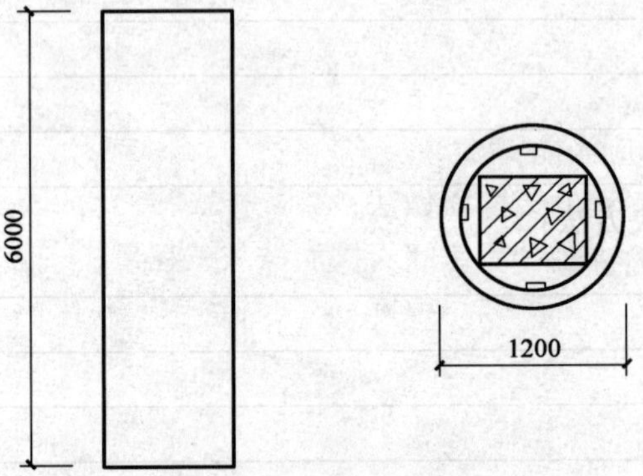

图 1-34　柱饰面图(尺寸单位:mm)

3. 某工程如图 1-35 所示,外墙面抹水泥砂浆,底层为 1∶3 水泥砂浆打底 14mm 厚,面层为 1∶2 水泥砂浆抹面 6mm 厚;外墙为裙水刷石,1∶3 水泥砂浆打底 12mm 厚,素水泥浆两遍,1∶2.5水泥白石子 10mm 厚;挑檐为水刷白石,厚度与配合比均与定额相同;试计算外墙面抹灰和外墙裙及挑檐装饰抹灰工程量。

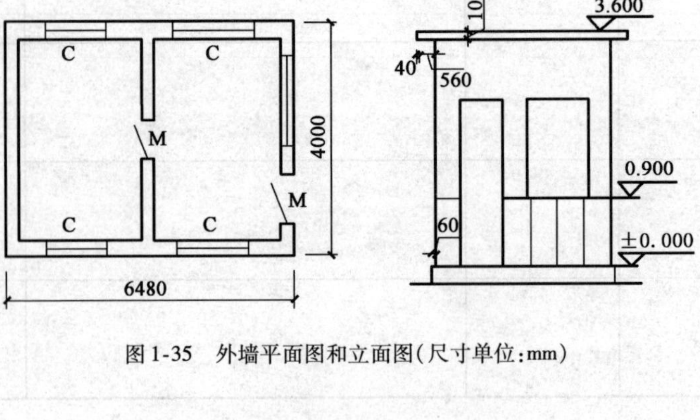

图 1-35　外墙平面图和立面图(尺寸单位:mm)

(2)产生问题的原因有哪些？

(3)请提出相应的解决方法：

(4)你认为还需加强哪方面的指导(可从实际工作过程及理论知识方面考虑)？

五、拓展训练

1. 请按表 1-19 的要求，根据附图 1-1 ~ 附图 1-6 计算综合办公楼工程的天棚面工程量。

工程量计算表　　表 1-19

序　号	项目名称	部　位	计算式	单　位	数　量

2. 某工程现浇井字梁顶棚如图 1-36 所示，麻刀石灰浆面层，试计算顶棚工程量。

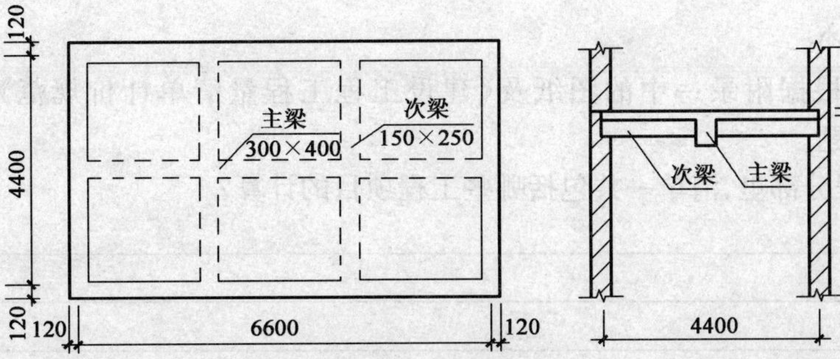

图 1-36　天棚平面图(尺寸单位：mm)

3. 预制钢筋混凝土板底吊不上人型装配式U形轻钢龙骨，面层规格为450mm×450mm，龙骨上铺钉中密度板，面层粘贴6m厚的铝塑板，尺寸如图1-37所示，试计算顶棚工程量。

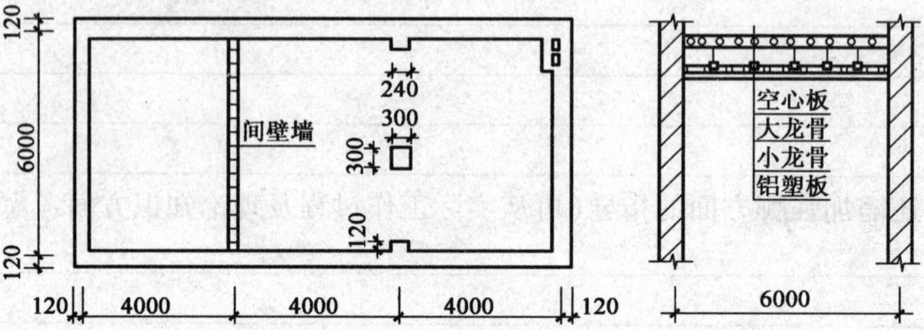

图1-37 天棚吊顶平面图（尺寸单位：mm）

任务十一 门窗工程量计算

一、任务描述

门窗工程分部包括各种门窗工程制作、安装工程量，请根据附录一中的图纸和相关资料计算出综合办公楼工程中所有涉及门窗装饰工程的工程量，以便制订相应的人工、材料、机械使用计划。

二、学习目标

通过本任务的学习，你应当能：

1. 根据图纸准确确定工程门窗做法；
2. 根据图纸及相关资料准确计算木门窗工程量；
3. 根据图纸及相关资料准确计算金属门窗工程量；
4. 根据图纸及相关资料准确计算门窗套工程量。

三、任务实施

（一）任务引入

引导问题：请根据附录一中的图纸及《建设工程工程量清单计价规范》（GB 50500—2008）确定以下问题。

1. 在门窗工程分部里，清单一共包括哪些工程项目的计算？

2. 本工程需要计算哪些项目工程量？

3. 本工程的门窗工程有哪些类型？

4. 门窗工程中包括哪些主要工程内容？

5. 根据清单计价规范门窗各有哪些分类？门窗清单及定额工程量规则有什么不同？

（二）学习准备

引导问题：在开始计算门窗工程工程量之前，请先回答以下问题。

1. 本工程计算需要哪些资料？

2. 计算门窗工程量需要查看哪些图纸？

3. 本工程需要计算哪些清单门窗项目？

4. 请制订本工程的计算方案。

(三)任务实施

引导问题:请根据附录一中的图纸及《建设工程工程量清单计价规范》(GB 50500—2008),计算综合办公楼工程的门窗工程量。

1. 请根据附图 1-1 中综合办公楼工程装饰装修做法及附图 1-2 ~ 附图 1-10,计算该工程所有金属窗清单工程量及定额工程量。

提示:

(1)金属窗计算时按不同材质和打开方式分为金属推拉窗、金属平开窗、金属百叶窗、金属组合窗、彩板窗、金属防盗窗、金属格栅窗。

(2)金属窗的一般五金包括在门窗制作及安装工程量内;但是特殊五金没有包括在内,需要另行计算。

2. 根据附录一中的图纸,试计算综合办公楼工程木门清单及定额工程量。

提示:

木门计算时要注意区别是成品门还是现场制作门,定额中如果是成品门需要计算安装和运输工程量,而现场制作的门不需要计算运输工程量。

3. 请根据附图 1-2,计算综合办公楼一层铝合金玻璃门的清单及定额工程量。

4. 请根据附图 1-2,计算综合办公楼一层木门套工程量。

5. 请根据《建设工程工程量清单计价规范》(GB 50500—2008)，确定木门、木窗、铝合金门、铝合金窗及其他门的五金应该包括哪些内容？

四、任务评价

1. 完成表1-20的填写。

任务评价表　　表1-20

考核项目	分数			学生自评	小组互评	教师评价	小计
	差	中	好				
是否具备团队合作精神	1	3	5				
是否积极参与活动	1	3	5				
工作过程安排是否合理规范	2	10	18				
陈述是否完整、清晰	1	3	5				
是否正确灵活运用已学知识	2	6	10				
是否遵守劳动纪律	1	3	5				
此次门窗工程量计算是否有漏项	2	4	6				
此次门窗工程量计算是否准确	2	4	6				
总计	12	36	60				
教师签字：				年　月　日		得分	

2. 自我总结。

(1)完成此次任务过程中存在的主要问题有哪些？

(2)产生问题的原因有哪些？

(3)请提出相应的解决方法：

（三）任务实施

引导问题：请根据附录一中的图纸及《建设工程工程量清单计价规范》（GB 50500—2008），计算综合办公楼工程的油漆、涂料工程量。

1. 请根据附图1-1中综合办公楼工程装饰装修做法及附图1-2，计算该工程一层走廊乳胶漆墙面工程量。

提示：

乳胶漆墙面工程量按设计图示尺寸以面积计算，但要注意定额需要计算乳胶漆面层工程量外，还需计算刮腻子工程量。

2. 请根据附录一中的图纸，计算综合办公楼工程楼梯乳胶漆清单及定额工程量。

3. 请根据附图1-2，计算综合办公楼一层木门油漆的清单及定额工程量。

4. 请根据附图1-2，计算综合办公楼一层所有栏杆油漆工程量。

5. 请根据附图1-2，计算综合办公楼一层所有扶手工程量。

四、任务评价

1. 完成表 1-22 的填写。

任务评价表　　表 1-22

考核项目	分数			学生自评	小组互评	教师评价	小计
	差	中	好				
是否具备团队合作精神	1	3	5				
是否积极参与活动	1	3	5				
工作过程安排是否合理规范	2	10	18				
陈述是否完整、清晰	1	3	5				
是否正确灵活运用已学知识	2	6	10				
是否遵守劳动纪律	1	3	5				
此次油漆、涂料工程量计算是否有漏项	2	4	6				
此次油漆、涂料工程量计算是否准确	2	4	6				
总计	12	36	60				
教师签字:				年　月　日		得分	

2. 自我总结。

(1)完成此次任务过程中存在的主要问题有哪些?

(2)产生问题的原因有哪些?

(3)请提出相应的解决方法:

(4)你认为还需加强哪方面的指导(可从实际工作过程及理论知识方面考虑)?

五、拓展训练

1. 请按表1-23的要求，根据附录一中的图纸计算综合办公楼工程的油漆、涂料工程量。

工程量计算表　　表1-23

序　号	项目名称	部　位	计算式	单　位	数　量

2. 某工程的尺寸如图1-38所示，地面刷过氯乙烯涂料，三合板木墙裙上润油粉，刷硝基清漆六遍，墙面、顶棚刷乳胶漆三遍（光面），试计算以上各项目清单及定额工程量。

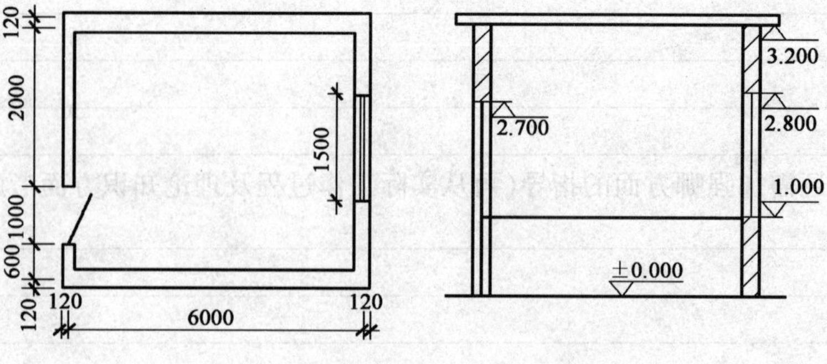

图1-38　平面图和剖面图（尺寸单位：mm）

3. 全玻璃门，尺寸如图1-39所示，油漆为底漆一遍，调和漆三遍，试计算该木门油漆清单及定额工程量。

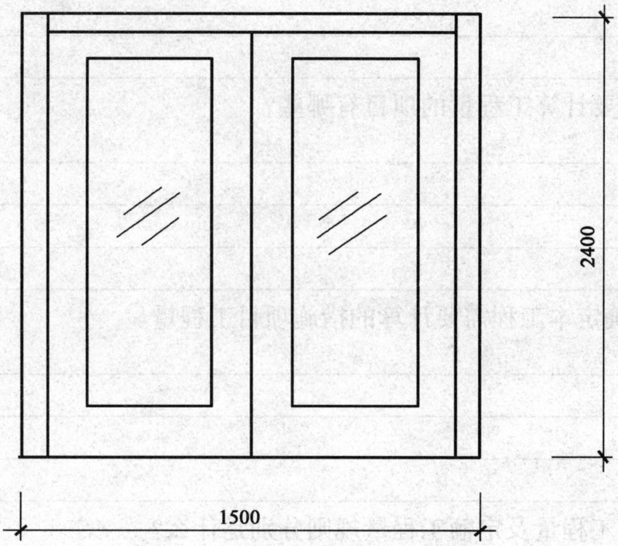

图1-39　门立面图(尺寸单位:mm)

任务十三　措施项目工程量计算

一、任务描述

分部分项工程量计算完成后，还需要计算措施项目工程量，但并不是所有的措施项目都需要计算工程量，本任务只计算需要计算工程量的措施项目。

二、学习目标

通过本任务的学习，你应当能：

1. 根据图纸及相关资料确定具体工程需要计算工程量的措施项目；
2. 根据图纸及相关资料准确计算大型机械及进出场费工程量；
3. 根据图纸及相关资料准确计算施工排水及降水工程量；
4. 根据图纸及相关资料准确计算脚手架工程量；
5. 根据图纸及相关资料准确计算模板工程量；
6. 根据图纸及相关资料准确计算垂直运输费工程量；
7. 根据图纸及相关资料准确计算超高施工增加费工程量。

三、任务实施

(一)任务引入

引导问题:请根据附录一和附录二中的图纸、《建设工程工程量清单计价规范》(GB 50500—2008)及定额回答以下问题。

1. 什么是措施项目?

2. 措施项目中需要计算工程量的项目有哪些?

3. 根据定额,请确定本工程需要计算的措施项目工程量。

4. 措施项目清单工程量及定额工程量规则分别是什么?

(二)学习准备

引导问题:在开始计算措施项目工程量之前,请先回答以下问题。

1. 本工程计算需要哪些资料?

2. 计算措施项目工程量需要查看哪些图纸?

3. 请制订本工程措施项目的计算方案。

(三)任务实施

引导问题:请根据附录一和附录二中的图纸、施工方案及定额,计算综合办公楼工程的措施项目工程量。

1. 请根据综合办公楼工程施工方案,计算该工程塔吊基础、进出场及安拆费定额工程量。

提示:

(1)大型机械的安装、拆卸,指大型施工机械在施工现场进行安装和拆卸所需的人工、材料、机械、试运转,以及安装所需的辅助设施的折旧、搭设及拆除。其工程量按照台·次计算。

(2)大型机械场外运输,指大型施工机械整体或分体,自停放地运至施工现场,或由一施工现场运至另一施工现场且运输距离在25km以内的装卸、运输(包括回程)、辅助材料以及架线等工作内容。其工程量按照台·次计算,如果运输距离超过25km,则按照实际台班计算。

(3)大型机械如果有后续工地,只能计算一次进场费,出场费是下一个工地的进场费,所以不再重复计算。

2. 请根据附图1-1~附图1-6,计算综合办公楼工程综合脚手架定额工程量。

提示:

(1)凡可以按建筑面积计算规则计算建筑面积的,脚手架工程量按综合脚手架计算,其工程量是分不同檐高按建筑面积计算的。

(2)综合脚手架已经综合考虑了砌筑、浇筑、油漆涂料、抹灰、吊装等的工程量。

3. 本工程安全网和密目网是否可以计算工程量?如果可以,其工程量是多少?

(3)请提出相应的解决方法：

(4)你认为还需加强哪方面的指导(可从实际工作过程及理论知识方面考虑)？

五、拓展训练

1. 请按表1-25的要求，根据附录一和附录二中的图纸计算综合办公楼工程的措施项目工程量。

工程量计算表 表1-25

序　号	项 目 名 称	部　位	计 算 式	单　位	数　量

2. 某现浇钢筋混凝土有梁板，如图1-40所示，采用胶合板模板、钢支撑，试计算有梁板模板工程量。

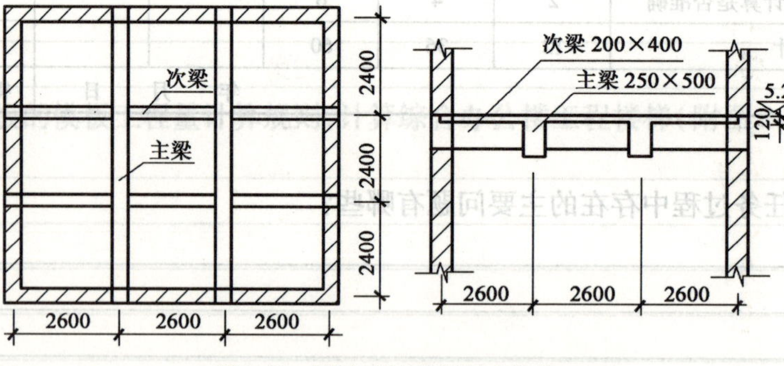

图1-40 梁平面布置图(尺寸单位:mm)

3. 某工程满堂脚手架搭设高度为9.2m，试计算该工程满堂脚手架的层数。当搭设高度分别为9.4m和9.6m时，增加的层数又分别是多少？

学习情境二　工程量清单编制

任务一　分部分项工程量清单编制

一、任务描述

在学习情境一中我们已经学习了建筑及装饰装修工程主要项目的工程量计算规则，假设现在你是建设单位造价部门的一名员工，需要在工程量计算完成后向施工单位提供工程量清单，请首先编制出分部分项工程量清单。

二、学习目标

通过本任务的学习，你应当能：

1. 根据《建设工程工程量清单计价规范》(GB 50500—2008)编制各分项工程项目编码；
2. 根据《建设工程工程量清单计价规范》描述各分项工程项目名称及项目特征；
3. 根据《建设工程工程量清单计价规范》编制完整的分部分项工程量清单计价表。

三、任务实施

(一)任务引入

引导问题：在编制分部分项工程量清单之前，请先回答以下问题。

1. 什么是工程量清单？

2. 一份完整的分部分项工程量清单应该包括哪些内容？

3. 项目编码采用几级编码？应该由几位阿拉伯数字表示？每级编码的含义是什么？

提示:

项目编码采用5级编码,由12位阿拉伯数字组成。第一级编码是附录顺序码,第二级编码是专业工程顺序码,第三级编码是分部工程顺序码,第四级编码是分项工程顺序码,第五级编码为清单项目名称顺序码,由清单编制人根据设置的清单项目自行编码,且从001开始。

4. 项目特征应该如何描述？项目特征描述的准确性和完整性对工程会有什么影响？

5. 一份完整的工程量清单应该由哪些内容组成？

提示:

封面、总说明、汇总表、分部分项工程量清单表、措施项目清单表、其他项目清单表、规费、税金项目清单表。

(二)学习准备

引导问题:在开始编制分部分项工程量清单之前,请先回答以下问题。

1. 要编制分部分项清单需要哪些资料？

2. 采用什么措施来保证分部分项清单不漏项？

(三)任务实施

引导问题:请根据附录一和附录二中的图纸及《建设工程工程量清单计价规范》(GB 50500—2008),编制综合办公楼工程的分部分项工程量清单,见表2-1。

分部分项工程量清单表 表 2-1

工程名称： 标段： 第 页 共 页

序　号	项目编码	项目名称	项目特征描述	计量单位	工程量

四、任务评价

1. 完成表 2-2 的填写。

任务评价表 表 2-2

考核项目	分数			学生自评	小组互评	教师评价	小计
	差	中	好				
是否具备团队合作精神	1	3	5				
是否积极参与活动	1	3	5				
工作过程安排是否合理规范	2	10	18				
陈述是否完整、清晰	1	3	5				
是否正确灵活运用已学知识	2	6	10				
是否遵守劳动纪律	1	3	5				
此次编制分部分项工程量清单是否有漏项	2	4	6				
项目编码及项目特征的描述是否准确	2	4	6				
总　计	12	36	60				
教师签字：				年　月　日		得分	

2. 自我总结。

(1)完成此次任务过程中存在的主要问题有哪些？

(2)产生问题的原因有哪些？

(3)请提出相应的解决方法：

(4)你认为还需加强哪方面的指导(可从实际工作过程及理论知识方面考虑)？

五、拓展训练

1. 请列出以下项目的项目编码、项目特征描述、工程内容、计量单位。

(1)平整场地。

(2)挖土方。

(3)混凝土灌注桩。

(4)锚杆支护。

(5)砖基础。

(6)构造柱。

(7)保温隔热屋面。

(8)水泥砂浆楼地面。

(9)天棚吊顶。

2. 某工程会议室净长25m，宽12m，工程做法为：20mm厚地砖地面，25mm厚1∶3水泥砂浆结合层，20mm厚1∶2水泥砂浆找平层。请编制该工程的分部分项工程量清单。

任务二　措施项目工程量清单编制

一、任务描述

在任务一中我们完成了分部分项工程量清单的编制，一份完整的工程量清单里，还应该包括措施项目工程量清单，请根据相关资料及计算出的措施项目工程量编制综合办公楼工程措施项目工程量清单。

二、学习目标

通过本任务的学习，你应当能：

1. 根据《建设工程工程量清单计价规范》(GB 50500—2008)、定额及相关施工资料确定具体工程所包括的措施项目内容；

2. 根据《建设工程工程量清单计价规范》、定额编制措施项目清单(一)；

3. 根据《建设工程工程量清单计价规范》、定额编制措施项目清单(二)。

三、任务实施

(一)任务引入

引导问题：在编制措施项目工程量清单之前,请先回答以下问题。

1. 什么是措施项目清单？

2. 措施项目清单(一)中应该包括哪些内容？

提示：

安全文明施工、夜间施工、二次搬运、冬雨季施工、大型机械设备进出场及安拆、施工排水、施工降水、已完工程及设备保护。

3. 安全文明施工包括哪些项目？该项目能否作为竞标费用？

提示：

(1)安全文明施工包括环境保护、文明施工、安全施工、临时设施项目。

(2)安全文明施工费不能作为竞标费用。

任务评价表 表2-5

考核项目	分数			学生自评	小组互评	教师评价	小计
	差	中	好				
是否具备团队合作精神	1	3	5				
是否积极参与活动	1	3	5				
工作过程安排是否合理规范	2	10	18				
陈述是否完整、清晰	1	3	5				
是否正确灵活运用已学知识	2	6	10				
是否遵守劳动纪律	1	3	5				
此次编制措施项目工程量清单是否有漏项	2	4	6				
项目编码编写及项目特征的描述是否准确	2	4	6				
总计	12	36	60				
教师签字：			年 月 日			得分	

2. 自我总结。

(1)完成此次任务过程中存在的主要问题有哪些？

(2)产生问题的原因有哪些？

(3)请提出相应的解决方法：

(4)你认为还需加强哪方面的指导(可从实际工作过程及理论知识方面考虑)？

五、拓展训练

1. 试编制如图 2-1 所示的现浇 C25 混凝土柱基模板的措施项目清单，完成表 2-6 的填写。

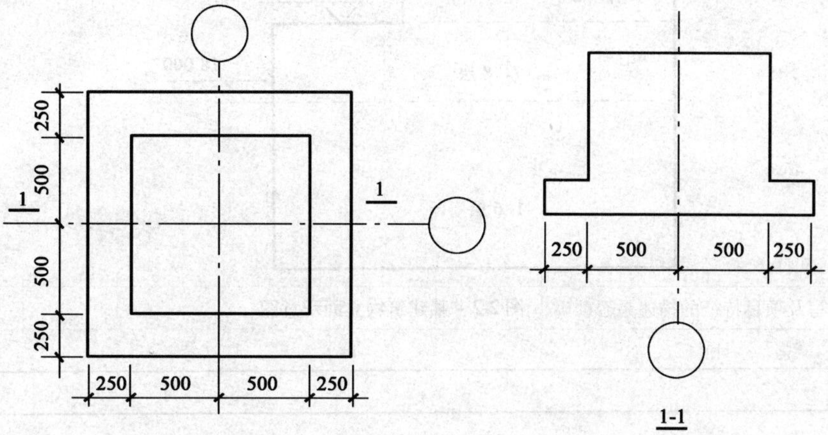

图 2-1　现浇 C25 混凝土柱基模板图（尺寸单位：mm）

模板措施项目清单表　　表 2-6

序　号	项 目 编 码	项 目 名 称	项目特征描述	计 量 单 位	工　程　量

2. 如图 2-2 所示为某建筑物立面示意图，1～8 层每层建筑面积为 $600m^2$，9～11 层每层建筑面积为 $350m^2$，试编制建筑物的垂直运输及增加费的措施项目清单，完成表 2-7 的填写。

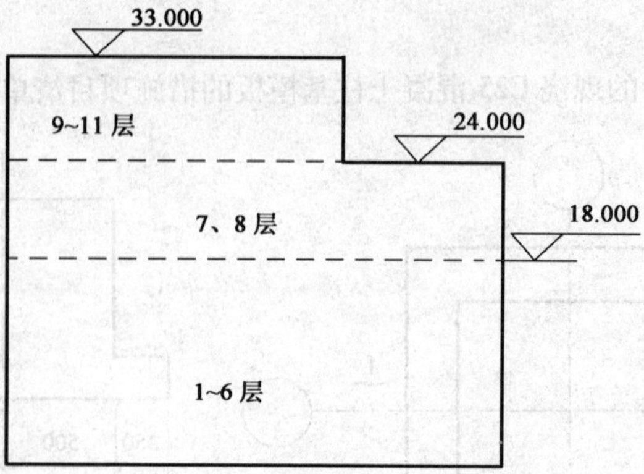

图2-2　某建筑物立面示意图

垂直运输及增加费的措施项目清单表　　表2-7

序　号	项目编码	项目名称	项目特征描述	计量单位	工程量

任务三　其他项目工程量清单编制

一、任务描述

在任务二中我们完成了措施项目工程量清单的编制，一份完整的工程量清单里，还应该包括其他项目工程量清单，请根据相关资料及计算出的其他项目工程量编制综合办公楼工程其他项目工程量清单。

二、学习目标

通过本任务的学习，你应当能：

1. 根据《建设工程工程量清单计价规范》（GB 50500—2008）、定额及相关施工资料确定具体工程所包括的其他项目清单内容；

2. 根据《建设工程工程量清单计价规范》、定额编制其他项目清单。

三、任务实施

(一)任务引入

引导问题:在编制其他项目工程量清单之前,请先回答以下问题。

1. 什么是其他项目清单?

2. 其他项目清单应该包括哪些内容?

> **提示:**
> 暂列金、暂估价、计日工、总承包服务费。

3. 暂估价包括哪两项内容?

> **提示:**
> 暂估价包括材料暂估价和专业工程暂估价。

4. 其他项目清单里的项目内容是否可以调整?

(二)学习准备

引导问题:在开始编制其他项目工程量清单之前,请查阅资料回答以下问题。

1. 要编制其他项目清单需要哪些资料?

2. 本工程涉及哪些其他项目？

(三)任务实施

引导问题：请根据附录一和附录二中的图纸及《建设工程工程量清单计价规范》(GB 50500—2008)，编制综合办公楼工程的其他项目工程量清单，见表2-8～表2-13。

其他项目清单与计价汇总表 表2-8

工程名称： 标段： 第 页 共 页

序 号	项 目 名 称	计 量 单 位	金 额(元)	备 注
1	暂列金			
2	暂估价			
2.1	材料暂估价		—	
2.2	专业工程暂估价			
3	计日工			
4	总承包服务费			
5				
合 计				

暂列金额明细表 表2-9

工程名称： 标段： 第 页 共 页

序 号	项 目 名 称	计 量 单 位	暂定金额(元)	备 注
1				
2				
3				
4				
5				
6				
7				
8				
9				
10				
11				
合 计				—

注：此表由招标人填写，也可只列暂列金总额，投标人应将上述暂列金额计入投标总价。

材料暂估单价表

表 2-10

工程名称：　　　　　　　　　　　　标段：　　　　　　　　　　　　第　页　共　页

序　号	项目清单编号	名　称	规格型号	单　位	数　量	拟发包（采购）方式	发包（采购）人	单　价（元）	合　价（元）

专业工程暂估价表

表 2-11

工程名称：　　　　　　　　　　　　标段：　　　　　　　　　　　　第　页　共　页

序　　号	项 目 名 称	拟发包（采购）方式	发包（采购）人	金　额（元）
		合　计		

计 日 工 表

表 2-12

工程名称：　　　　　　　　　　　　标段：　　　　　　　　　　　　第　页　共　页

编　　号	人 工 工 种	单　　位	暂 定 数 量	综合单价（元）	合　价（元）
一	人工				
1					
2					
3					
4					
二					
1					
2					
3					
4					
5					
6					
三					
1					
2					
3					
4					
		合　计			

1. 什么是规费清单？

2. 规费清单里应该包括哪些内容？

提示：

工程排污费、社会保障费（养老保险、失业保险、医疗保险）、住房公积金、危险作业意外伤害险、工程定额测定费（全国已经取消此项费用）。

3. 规费是否能作为竞标费用？

提示：

规费不能作为竞标费用。

4. 税金由哪些内容组成？税金是否能作为竞标费用？

提示：

税金包括营业税、城市维护建设税、教育费附加。

（二）学习准备

引导问题：在开始编制规费、税金项目清单之前，请回答以下问题。

1. 要编制规费、税金项目清单需要哪些资料？

2. 本工程涉及哪些规费、税金项目？

(三)任务实施

引导问题：请根据附录一和附录二中的图纸及《建设工程工程量清单计价规范》(GB 50500—2008)，完成综合办公楼工程的规费、税金项目清单中的项目名称和计算基础两项内容的填写，见表2-15。

规费、税金项目清单表 表2-15

工程名称： 标段： 第 页 共 页

序号	项目名称	计算基础	费率(%)	金额(元)
1	规费			
1.1	工程排污费			
1.2	社会保障费			
(1)				
(2)				
(3)				
1.3				
1.4				
1.5				
2	税金			
合计				

四、任务评价

1. 完成表2-16的填写。

任务评价表 表2-16

考核项目	分数			学生自评	小组互评	教师评价	小计
	差	中	好				
是否具备团队合作精神	1	3	5				
是否积极参与活动	1	3	5				
工作过程安排是否合理规范	2	10	18				
陈述是否完整、清晰	1	3	5				
是否正确灵活运用已学知识	2	6	10				
是否遵守劳动纪律	1	3	5				
此次编制规费、税金项目清单是否有漏项	4	8	12				
总计	12	36	60				
教师签字：				年 月 日		得分	

2. 自我总结。

(1)完成此次任务过程中存在的主要问题有哪些?

(2)产生问题的原因有哪些?

(3)请提出相应的解决方法:

(4)你认为还需加强哪方面的指导(可从实际工作过程及理论知识方面考虑)?

五、拓展训练

规费的费率根据什么确定?税金的税率和什么因素有关?

学习情境三　工程量清单计价表编制

任务一　综合单价的计算

一、任务描述

在学习情境二中我们已经学习完工程量清单的编制，假设现在你是施工单位造价部门的一名员工，请根据甲方提供的各分项工程量清单确定各分项的综合单价。

二、学习目标

通过本学习任务的学习，你应当能：

1. 根据《建设工程工程量清单计价规范》（GB 50500—2008）、定额组合各分项的综合单价；
2. 根据定额进行材料价差的调整；
3. 根据定额进行简单的换算。

三、任务实施

（一）任务引入

引导问题：工程量清单计价模式下的单价是综合单价，该单价在投标时是施工单位根据市场行情、甲方提供的清单项目特征、图纸、施工单位自身施工管理水平等因素编制的，综合单价在很大程度上决定了工程的中标率。请回答以下问题。

1. 什么是综合单价？

____

____

____

____

2. 综合单价由哪些费用组成？

____

____

____

____

提示：

综合单价＝人工费＋材料费＋机械费＋管理费＋利润，并考虑一定的风险费用。

3. 综合单价中的人工费、材料费、机械费的费用构成是怎样的？请完成表3-1的内容填写。

人、材、机构成表　　表3-1

费用名称	含义	构成内容	计算方法
人工费			
材料费			
机械费			

4. 综合单价中的管理费由哪些要素构成?

提示:

管理人员工资、办公费、差旅交通费、固定资产使用费、工具用具使用费、劳动保险费、工会经费、职工教育经费、财产保险费、财务费。

5. 确定综合单价时应注意哪些问题?

提示:

(1)清单工程量与施工方案工程量的差别。

(2)清单项目中所包括的工程内容多少。

(3)考虑风险因素所增加的费用。

(4)分部分项工程量清单综合单价内,不包括招标人自行采购的材料价款。

6. 如何进行单项材料价差的调整?

提示:

某种材料单价价差=(该种材料实际价格-定额中的该种材料价格)×单位工程该种材料消耗量。

7. 如何进行定额基价的换算？

提示：

换算后定额基价 = 原定额基价 +（换入单价 - 换出单价）× 材料消耗量。

（二）学习准备

引导问题：在开始编制综合单价之前，请先回答以下问题。

1. 组合综合单价需要哪些资料？

2. 如何组合综合单价？有几种方法？其使用的前提条件是什么？

提示：

（1）三种组价方式如下。

直接组价。清单综合单价 = 定额综合单价。

组合组价。清单综合单价 = $\sum$定额综合单价。

复合组价。清单综合单价 =（$\sum$定额综合单价 × 定额工程量）÷ 清单工程量。

（2）直接组价用于一个清单对应一个定额项目，且清单规则和定额规则相同的情况。

组合组价用于一个清单对应多个定额项目，且清单规则和定额规则相同的情况。

复合组价用于一个清单对应一个或多个定额项目，且清单规则和定额规则不相同的情况。

（三）任务实施

引导问题：请根据《建筑工程建筑面积计算规范》（GB/T 50353—2005）、附录一和附录二中的图纸、综合办公楼工程量清单特征描述及定额，计算综合办公楼工程各项目的综合单价，并完成表 3-2 的填写。

任务二　工程量清单计价表的编制

一、任务描述

当工程量清单编制完成,且各项目的综合单价也已经编制完成之后,现在作为施工单位造价部门的一名员工,你需要根据工程量清单及计算出的综合单价,编制工程量清单计价表,以便进行投标报价。

二、学习目标

通过本学习任务的学习,你应当能:

1. 根据《建设工程工程量清单计价规范》(GB 50500—2008)、定额、图纸、工程量清单编制分部分项工程量清单计价表;

2. 根据《建设工程工程量清单计价规范》、定额、图纸、工程量清单编制措施项目工程量清单计价表;

3. 根据《建设工程工程量清单计价规范》、定额、图纸、工程量清单编制其他项目工程量清单计价表;

4. 根据《建设工程工程量清单计价规范》、定额、图纸、工程量清单编制规费、税金项目清单计价表。

三、任务实施

(一)任务引入

引导问题:当前面的任务全部完成之后,接下来需要编制完整的工程量清单计价表,以便投标报价,在编制前请先回答以下问题。

1. 什么是工程量清单计价?

____

____

____

____

2. 一份完整的分部分项工程量清单计价表应该包括哪些内容?

____

____

____

____

提示:

封面、总说明、汇总表、分部分项工程量清单计价表、措施项目清单计价表、其他项目清单计价表、规费及税金项目清单计价表。

3. 安全文明施工费在编制投标报价和结算时分别如何计取费率？

提示：

(1)在投标时，费率＝基本费率×2。

(2)在结算时，费率＝基本费率＋现场评审费率。

(3)文明施工费中环境保护费不执行以上费率计算方法。

4. 措施项目清单计价表(一)中的安全文明施工费、二次搬运费、夜间施工费、冬雨季施工费的计费基础是什么？

5. 其他项目费用中暂列金是否计入投标报价？暂列金结算时如何处理？

提示：

暂列金要计入投标报价中，结算时按照实际发生的金额计取。

6. 规费的计费基础是什么？规费的费率是如何确定的？

提示：

(1)规费计费基础＝分部分项定额人工费＋措施项目清单定额人工费。

(2)规费费率在定额里给定的是个范围，具体的费率要以施工单位取费证上核定的费率为准。

(二)学习准备

引导问题:在开始编制分部分项工程量清单报价之前,请先回答以下问题。

1. 编制工程量清单报价需要哪些资料?

2. 清单计价模式下的工程造价由哪些费用组成?这些费用分别如何计算?

提示:

工程造价由分部分项费用、措施项目费用、其他项目费用、规费、税金组成。

(三)任务实施

引导问题:请根据《建设工程工程量清单计价规范》(GB 50500—2008)、定额、附录一和附录二中的图纸及工程量清单,按照表3-4~表3-19编制综合办公楼工程的工程量清单报价表。

工程量清单报价表封面 表3-4

工程报建号:________

投标总价

招　　标　　人:________________

工　程　名　称:________________

投标总价(小写):________________

　　　　(大写):________________

投　　标　　人:________________

(单位盖章)

法 定 代 表 人

或 其 授 权 人:________________

(签字或盖章)

编　　制　　人:________________

(造价人员签字盖专用章)

编 制 时 间:　　年　月　日

报价说明表

表3-5

工程名称：

第　页共　页

建设工程投标报价汇总表 表3- 6

工程名称： 标段： 第 页 共 页

序　　号	汇 总 内 容	金　额(元)	材料暂估价(元)
1	单体工程投标价格汇总		
1.1			
1.2			
1.3			
1.4			
1.5			
2	措施项目		
2.1	安全防护、文明施工费		
3	其他项目		
3.1	暂列金额		
3.2	专业工程暂估价		
3.3	计日工		
3.4	总承包服务费		
4	规费		
5	税金		
合计 =1 +2 +3 +4 +5			

分部分项工程量清单报价汇总表 表3-7

工程名称： 页码：

单位工程名称：

序　　号	分部工程名称	金　额(元)	材料暂估价(元)
合　　计			

注：群体工程应以单体工程为单位，分开汇总，并填写单体工程名称。

分部分项工程量清单与计价表

表 3-8

工程名称：　　　　　　　　　　　　　　标段：　　　　　　　　　　　　　　第　页　共　页

序　号	项目编码	项目名称	项目特征描述	计量单位	工程量	金　额(元)			
						综合单价	合　价	其　中	
								人工费	材料暂估价

注：表中人工费是指规费按人工费计取的应填写综合单价中的人工费。

措施项目清单报价汇总表

表 3-9

工程名称：　　　　　　　　　　　　　　　　　　　　页码：

序　号	项 目 名 称	金　额（元）
合　计		

注：如需多层次汇总措施项目报价的，表格样式相同。

措施项目清单与计价表(一)

表 3-10

工程名称：　　　　　　　　　　　　　标段：　　　　　　　　　　　　　第　页　共　页

序　号	项 目 名 称	计 算 基 础	费　率	金　额(元)
1	安全防护、文明施工费			
2	夜间施工费			
3	二次搬运费			
4	冬雨季施工			
5	大型机械设备进出场及安拆费			
6	施工排水			
7	施工降水			
8	地上及地下设施、建筑物的临时保护设施			
9	已完工程及设备保护			
10	各专业工程的措施项目			
11				
12				
合　计				

注:1. 本表适用于以“项”计价的措施项目。

2. 市政工程措施项目中所列模板、支架、脚手架、施工排水、井点降水应计入该分部分项工程项目综合单价中。

措施项目清单与计价表(二)

表 3-11

工程名称：　　　　　　　　　　　　　标段：　　　　　　　　　　　　　第　页　共　页

序　号	项目编码	项目名称	项目特征描述	计量单位	工程量	金　额(元)		
						综合单价	合　价	其　中
								人工费

其他项目清单与计价汇总表

表 3-12

工程名称：　　　　　　　　　　　标段：　　　　　　　　　　　第　页　共　页

序　号	项目名称	计量单位	金　额(元)	备　注
1	暂列金额			
2	暂估价			
2.1	材料暂估价		—	
2.2	专业工程暂估价			
3	计日工			
4	总承包服务费			
5				
合　计				

注：材料暂估单价计入清单项目综合单价，此处不汇总。

暂列金额明细表

表 3-13

工程名称：　　　　　　　　　　　标段：　　　　　　　　　　　第　页　共　页

序　号	项目名称	计量单位	暂定金额(元)	备　注
1				
2				
3				
4				
5				
6				
7				
8				
9				
10				
11				
合　计				—

注：此表由招标人填写，也可只列暂定金总额，投标人应将上述暂列金额计入投标总价中。

材料暂估单价表　　表3-14

工程名称：　　标段：　　第　页　共　页

序 号	项目清单编号	名 称	规格型号	单 位	数 量	拟发包（采购）方式	发包（采购）人	单 价（元）	合 价（元）	备 注

注：1. 此表由招标人填写，并在备注栏内说明暂估价的材料拟用在哪些清单项目上，投标人应将上述材料暂估单价计入工程量清单综合单价报价中。

2. 材料包括原材料、燃料、构配件以及按规定应计入建筑安装工程造价的设备。

专业工程暂估价表　　表3-15

工程名称：　　标段：　　第　页　共　页

序　号	项 目 名 称	拟发包（采购）方式	发包（采购）人	金　额（元）
合　计				

注：此表由招标人填写，投标人应将上述专业工程暂估价计入投标总价中。

四、任务评价

1. 完成表3-20的填写。

任务评价表　　表3-20

考核项目	分数			学生自评	小组互评	教师评价	小计
	差	中	好				
是否具备团队合作精神	1	3	5				
是否积极参与活动	1	3	5				
工作过程安排是否合理规范	2	10	18				
陈述是否完整、清晰	1	3	5				
是否正确灵活运用已学知识	2	6	10				
是否遵守劳动纪律	1	3	5				
此次编制分部分项工程量清单报价是否有漏项	2	4	6				
费用计算是否准确	2	4	6				
总　计	12	36	60				
教师签字：				年　月　日		得　分	

2. 自我总结。

(1)完成此次任务过程中存在的主要问题有哪些?

(2)产生问题的原因有哪些?

(3)请提出相应的解决方法:

(4)你认为还需加强哪方面的指导(可从实际工作过程及理论知识方面考虑)?

五、拓展训练

试计算如图 3-1 所示的清单工程量，并根据表 3-21 编制该基础工程的分部分项工程量清单与计价表。

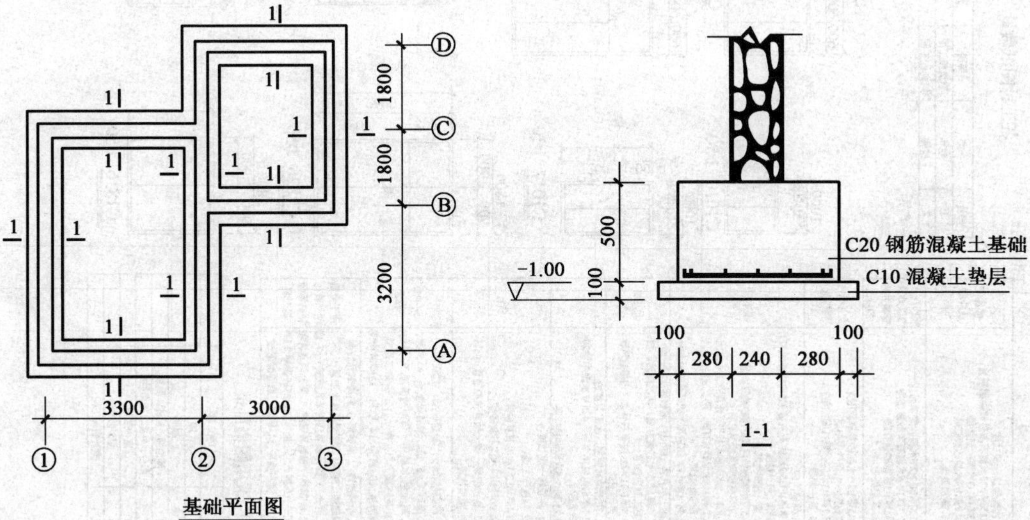

图 3-1　基础工程平面图及剖面图(尺寸单位:mm)

分部分项工程量清单与计价表　　表 3-21

工程名称:　　标段:　　第　页　共　页

序　号	项目编码	项目名称	项目特征描述	计量单位	工程量	金　额(元)			
						综合单价	合　价	其　中	
								人工费	材料暂估价

附录一　建筑施工图

建筑设计说明

一、设计依据

1.《成都市规划管理技术规定》（2007）。

2.建设单位与××设计院签订的《建设工程设计合同》及设计任务书。

3.现行的国家主要建筑设计规范、规程和规定：

(1)《民用建筑设计通则》(GB 50352—2005);

(2)《建筑设计防火规范》(GB 50016—2006);

(3)《屋面工程质量验收规范》(GB 50207—2002);

(4)《屋面工程技术规范》(GB 50345—2004);

(5)《外墙外保温工程技术规程》(JGJ 144—2004)。

4.建设单位提供的施工图设计要求。

二、项目概况

1.本项目为成都某公司综合办公楼。

2.单位总建筑面积：1887.79m²。

3.建筑工程等级：二级。

4.建筑层数：地上四层，主体高度距地为16.2m。

5.建筑结构形式为框架结构，建筑结构的抗震类别为丙类，抗震设防烈度为7度，合理使用年限为50年。

6.建筑耐火等级：二级。

三、设计标高

1.本工程单体±0.000设计标高相对绝对高程为530.00m。

2.本工程室外设计标高比室内设计标高低300mm，现场地面有一定坡度，室外设计标高应根据现场实际情况作出相应调整。

3.本工程标高以米为单位，其他尺寸以毫米为单位。

四、墙体工程

1.建筑外墙采用200mm厚KP1黏土空心砖，隔墙采用200mm厚KP1黏土空心砖，钢筋混凝土框架，砖及砂浆标号详见结构施工图

2.墙体定位除图中注明外，均为靠柱边布置。

3.过梁、构造柱及墙体拉接等详见结构施工图。

4.预留洞的封堵：混凝土墙留洞的封堵详见结构施工图，其余砌筑墙留洞待管道设备安装完毕后，用C20细石混凝土填实。

五、防水工程

1.屋面防水：详见装修措施表。

(1)屋面防水工程执行《屋面工程质量验收规范》(GB 50207—2002)。

(2)平屋面防水等级为二级，二道设防，防水层耐用年限为15年，其他屋面防水等级为三级，一道设防，防水层耐用年限为10年。

(3)泛水以下的穿墙管，安装后用细石混凝土封严洞口，管根四周与找平层及刚性防水层之间留凹槽并嵌填密封材料，且管道周围的找平层加大排水坡度并增设柔性防水附加层与防水层固定密封，水落口周围500mm直径范围内坡度不小于5%。

(4)屋面节点索引见装修措施表及屋面平面图，雨棚等见各层平面图及有关详图。

(5)屋面排水组织见屋顶平面图，雨水斗、雨水管采用PVC管，除图中另有注明者外，雨水管的公称直径均为DN110。

2.楼地面防水：详见装修措施表。

(1)卫生间防水层上翻至建筑完成面1800mm（卫生间），门洞处向外延300mm。

(2)凡有地漏的房间，楼地面找坡向地漏，坡度1%。

(3)凡管道穿过卫生间楼地面时，须预埋套管，高出地面50mm，套管周边200mm内，涂1.5mm厚聚合物水泥防水涂膜加强层。

3.外墙防水：详见装修措施表。

穿过外墙防水层的管道、螺栓、构件等宜预埋，在预埋件四周留凹槽，并嵌填密封材料，外墙门窗外侧金属框与防水层及饰面层接缝处应留5mm×7mm（宽×深）的凹槽，并嵌填密封材料。

六、门窗工程

1.建筑外门窗气密性能分为4级，门窗选料、玻璃见门窗表备注。

2.门窗玻璃的选用应遵照《建筑玻璃应用技术规程》(JGJ 113—2009)和《建筑安全玻璃管理规定》发改运行[2003]2116号。

3.门窗立面均表示门窗尺寸，门窗加工尺寸要按照装修面厚度由承包人予以调整。

4.内外墙门立樘位置除注明外均居于墙中。

5.外墙窗台高凡低于900mm的（一层及外部的露台、阳台者除外），室内侧均需做护窗栏杆。

七、外装修工程

1.外装修设计和做法索引见附图1-7~附图1-9及装修做法表。

2.外装修选用的各项材料材质、规格、颜色等，均由施工单位提供样板，经建设设计单位确认后进行封样，并据此验收。

八、内部装修工程

1.内部装修工程执行《建筑内部装修设计防火规范》(GB 50222—1995)，楼地面部分执行《建筑地面规范》(GB 50037—1996)。

2.楼地面构造交接处和地坪高度变化处，除图中另有注明者外均位于齐平门扇开启面处。

3.内部装修选用的各项材料均由施工单位制作样板和选样，经确认后进行封样，并据此进行验收。

4.楼梯间和设备用房的内墙、顶棚应采用A级材料。

九、油漆涂料工程

各项油漆均由施工单位制作样板，经确认后进行封样，并据此进行验收。

十、建筑设备、设施工程

1.本工程设备、设施施工应以最终订货后的厂家提供的技术资料作为依据。

2.通风口（尺寸为600mm×200mm）等影响美观的器具须经建设单位与设计单位确认样品后，方可批量加工、安装。

十一、其他施工中注意事项

1.砌体与钢筋混凝土梁，柱交接处在抹灰时加钉250mm宽，丝径为0.9mm，孔径为8mm的方孔镀锌金属网。

2.预埋木砖及贴邻墙体的木质面均做防腐处理，外露预埋铁件均刷防锈漆两遍。

3.楼板留洞（包括管道井）的封堵：待设备管线安装完毕后，用C20细石混凝土封堵密实。

4.室内外装修材料的规格、色彩、质地需经建设单位与设计单位确定，二次装修不得影响结构及建筑防火设计。

5.在土建施工过程中，如发现设计图中有矛盾或未详之处，应及时通知设计人员，对设计修改必须征得设计人员同意，以设计变更为准。

6.施工中应严格执行国家各项施工质量验收规范。

装修措施表

类别	编号	名称	做　法	备注
屋面	屋	平屋面	1.40厚细石混凝土加4%防水剂内配φ4双向钢筋，中距200，提浆抹光； 2.聚脂无纺布隔离层一道； 3.20厚挤塑聚苯板保温层； 4.1.2厚高分子树脂、活性材料； 5.20厚1:3水泥砂浆找平层； 6.膨胀珍珠岩找坡层(最薄处)； 7.钢筋混凝土板	所有屋面
地面	地1	水泥砂浆地面	1.20厚水泥砂浆找平层面屋面装修设计； 2.100厚碎石，卵石混凝土垫层； 3.夯实黏土	办公室及楼梯间
	地2	防滑地砖地面	1.防滑地砖面层水泥浆擦缝； 2.20厚1:2干硬性水泥砂浆结合层； 3.1.5厚丙烯酸防水涂料防水层翻边300; 4.20厚1:2.5水泥砂浆找坡1%，坡向地漏，最薄处不小于10厚； 5.水泥浆结合层一道（水灰比为0.4~0.5）； 6.100厚碎石，卵石混凝土垫层； 7.夯实黏土	卫生间1%坡向地漏
楼面	楼2	水泥砂浆楼面	1.20厚1:2水泥砂浆面层； 2.水泥浆结合层一道，水灰比为(0.4~0.5)； 3.钢筋混凝土楼面	楼梯间及办公楼
	楼2	水泥砂浆楼面	1.防滑地砖面层水泥浆擦缝,并洒适量清水； 2.20厚1:2干硬性水泥砂浆结合层； 3.1.5厚丙烯酸防水涂料防水层，翻边300不小于10厚； 4.20厚1:2.5水泥砂浆找坡，1%坡向地漏，最薄处； 5.水泥浆结合层一道（水灰比为0.4~0.5）； 6.钢筋混凝土楼面	卫生间1%坡向地漏
内墙面	内1	乳胶漆墙面	1.乳胶漆一底二度； 2.5厚1:25水泥石灰砂浆罩面压光； 3.6厚1:3水泥砂浆垫层； 4.7厚1:3水泥砂浆打底； 5.基层处理	楼梯间及外廊
	内2	混合砂浆内墙面	1.5厚1:0.3:2.5水泥砂浆罩面压光； 2.7厚1:1.6水泥石灰砂浆垫层； 3.厚1:3水泥砂浆打底； 4.基层处理	除内1，内3以外及管道井内的墙面
	内3	水泥砂浆内墙面	1.5厚1:2.5水泥砂浆罩面压光； 2.6厚1:3水泥砂浆垫层； 3.7厚1:3水泥砂浆打底扫毛； 4.基层处理	女儿墙内侧抹灰
外墙面	外1	外墙面砖墙面（设外保温层）	1.外墙面砖； 2.8厚1:0.15:2水泥石灰砂浆(内掺建筑胶)； 3.第二遍弹性腻子； 4.第一遍弹性腻子； 5.5厚耐碱玻纤网及专用砂浆保护层； 6.30厚挤塑聚苯板保温层； 7.8厚1:2水泥砂浆找平，水刷带出小麻面； 8.14厚1:3水泥砂浆打底，两次成活，扫毛或划出纹道； 9.黏土多孔砖（KP1型）或钢筋混凝土墙	除外2所有外墙
	外2	外墙面砖墙面(无外保温层)	1.黏土多孔砖（KP1型）或钢筋混凝土墙； 2.13厚1 3水泥砂浆打底，两次成活，扫毛或划出纹道； 3.8厚1:0.15:2水泥石灰砂浆（内掺建筑胶）； 4.外墙面砖	女儿墙
踢脚	踢1	地砖踢脚	1.防滑地砖面层，水泥浆擦缝； 2.4厚水泥浆结合层，425号水泥中掺20%白乳胶； 3.25厚1:2.5水泥砂浆基层	所有
顶棚	顶1	混合砂浆刷乳胶漆顶棚	1.乳胶漆一底二度； 2.刮腻子二遍； 3.4厚1:0.3:3水泥石灰砂浆； 4.10厚1:1:4水泥石灰砂浆； 5.刷水泥浆一道（加建筑胶适量）； 6.基层清理	所有
油漆	漆1	醇酸清漆	1.清扫除油污；2.磨砂纸；3.润粉；4.磨砂纸；5.第一遍满刮腻子；6.磨光；7.刷油色；8.刷第一道醇酸清漆；9.拼色；10.复补腻子；11.磨光；12.刷第二遍醇酸清漆；13.磨光；14.刷第三遍醇酸清漆	用于木装修
	漆2	醇酸磁漆	1.除锈清理；2.磨砂纸；3.刷丙苯乳胶金属底漆二遍；4.局部刮丙苯乳胶腻子；5.磨光；6.第一遍满刮丙苯乳胶腻子；7.磨光；8.刷第一遍醇酸磁漆；9.复补丙苯乳胶腻子；10.磨光；11.刷第二遍醇酸磁漆；12磨光；13.湿布擦净；14.刷第三遍醇酸磁漆	用于金属栏杆铁花花格等金属表面

选用图集目录

序号	选用图册代号	名　称	备　注
1	西南04J516	墙	
2	西南03J201-1，3	屋面	
3	西南04J312	楼地面、油漆、刷浆	
4	西南04J412	阳台、外廊、楼梯栏杆	
5	西南04J515	室内装修	
6	西南04J516	室外装修	
7	西南04J812	室外附属工程	

各工种图纸数量

序号	名称	图别	张数	备注
1	建筑	建筑施工图	11	
2	结构	结构施工图	14	

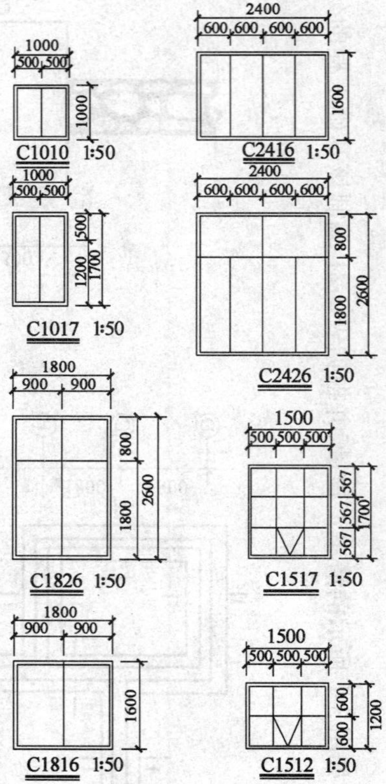

附图1-1　建筑设计说明

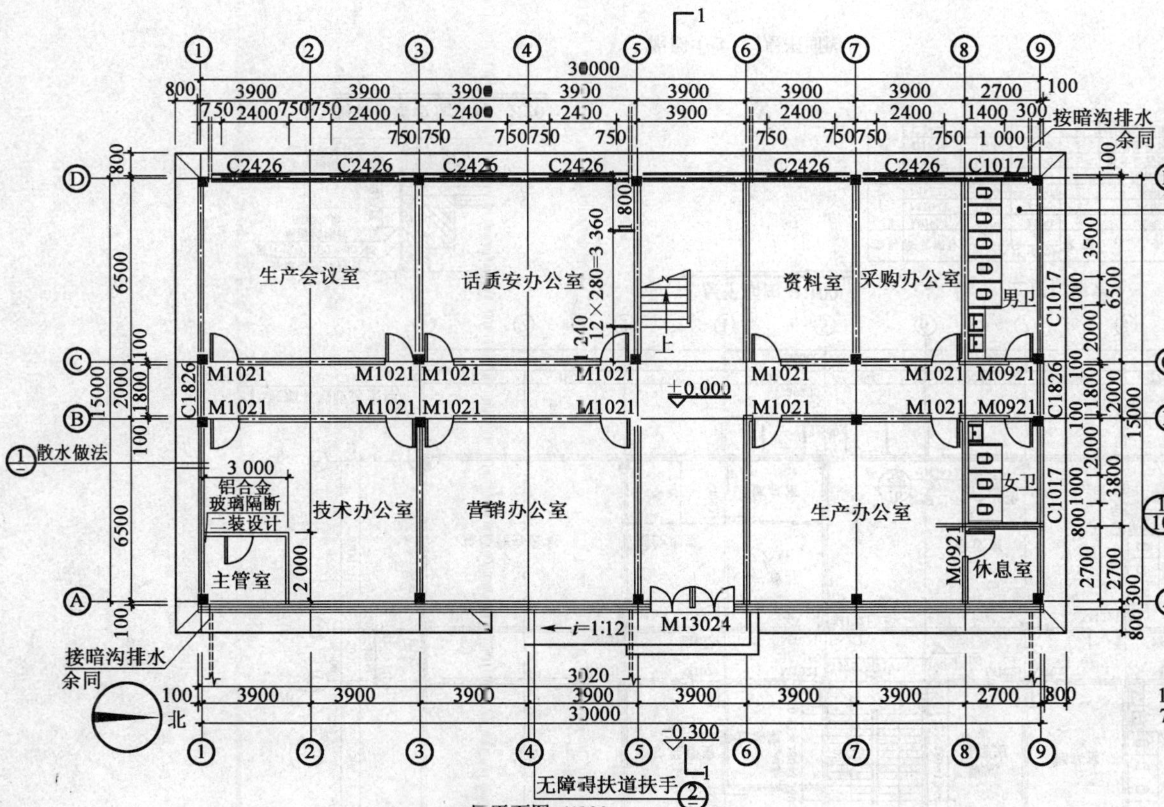

一层平面图 1:100

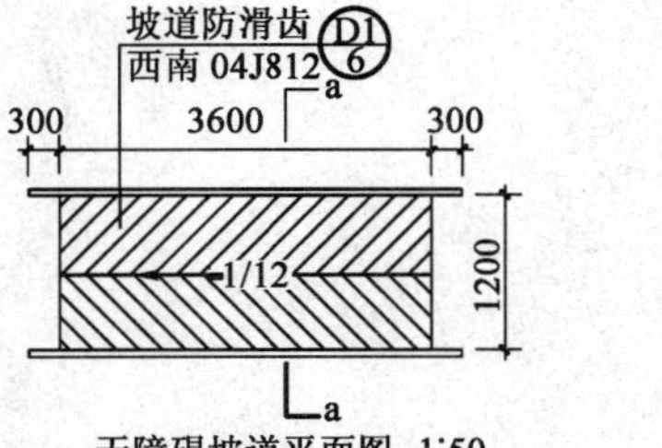

无障碍坡道平面图 1:50

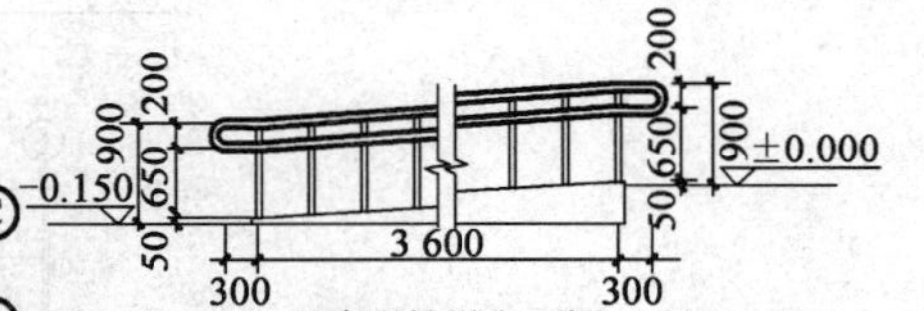

无障碍坡道立面图 1:50

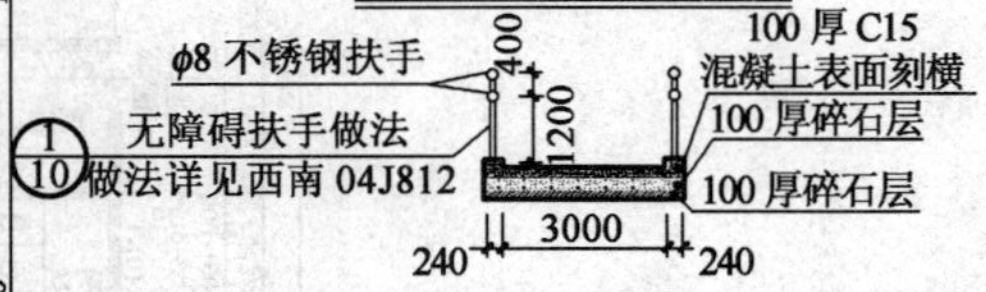

② a–a 剖面图 1:50

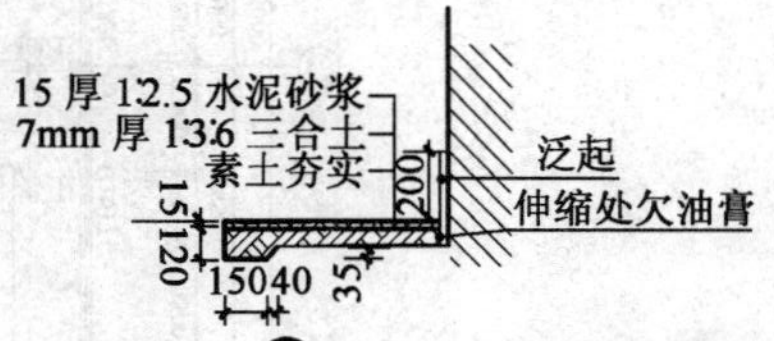

① 散水做法 1:20

一层门窗表

类别	设计编号	洞口尺寸 (mm) 宽	高	樘 数	备 注
门	M0921	900	2100	3	木框单层实体门
	M1021	1000	2100	12	木框单层实体门
	M13024	1500	2400	1	铝合金玻璃平开门
窗	C1017	1000	1700	3	铝合金玻璃窗距地面高 1800
	C1826	2800	2600	2	铝合金玻璃窗距地面高 900
	C2426	2400	2600	6	铝合金玻璃窗距地面高 900

1. 如未注明门垛左右均为 100mm、居中或靠柱边布置，窗户未注明均居中布。
2. 图中柱子尺寸以附图 2-4 为准。
3. 如未注明所有墙厚均匀为 200mm。
4. 凡窗台高度低于 900mm 者均贴窗作护窗栏杆高 1050mm，做法详见《西南 04J412》(1b/53)，栏杆材料选铸铁花饰。

附图 1-2 一层平面图

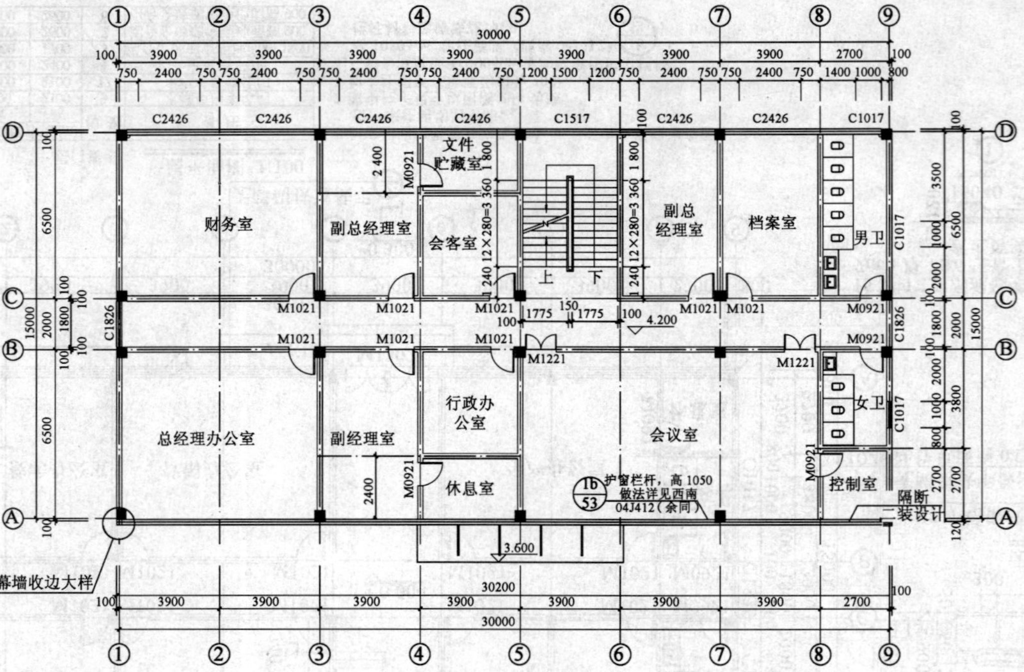

二层平面图 1:100

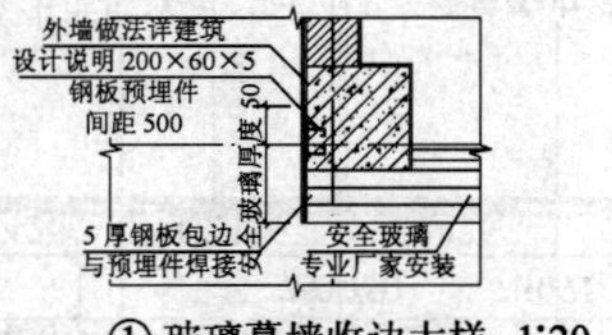

① 玻璃幕墙收边大样 1:20

二层门窗表

类别	设计编号	洞口尺寸 (mm) 宽	洞口尺寸 (mm) 高	樘数	备注
门	M0921	900	2100	6	木框单层实体门
门	M1021	1000	2100	7	木框单层实体门
门	M1221	1200	2100	2	木框单层实体门
窗	C1017	1000	1700	3	铝合金玻璃窗距地面高 1800
窗	C1517	1500	1700	1	铝合金玻璃窗距地面高 900
窗	C1826	1800	2600	2	铝合金玻璃窗距地面高 900
窗	C2426	2400	2600	6	铝合金玻璃窗距地面高 900

附图 1-3 二层平面图

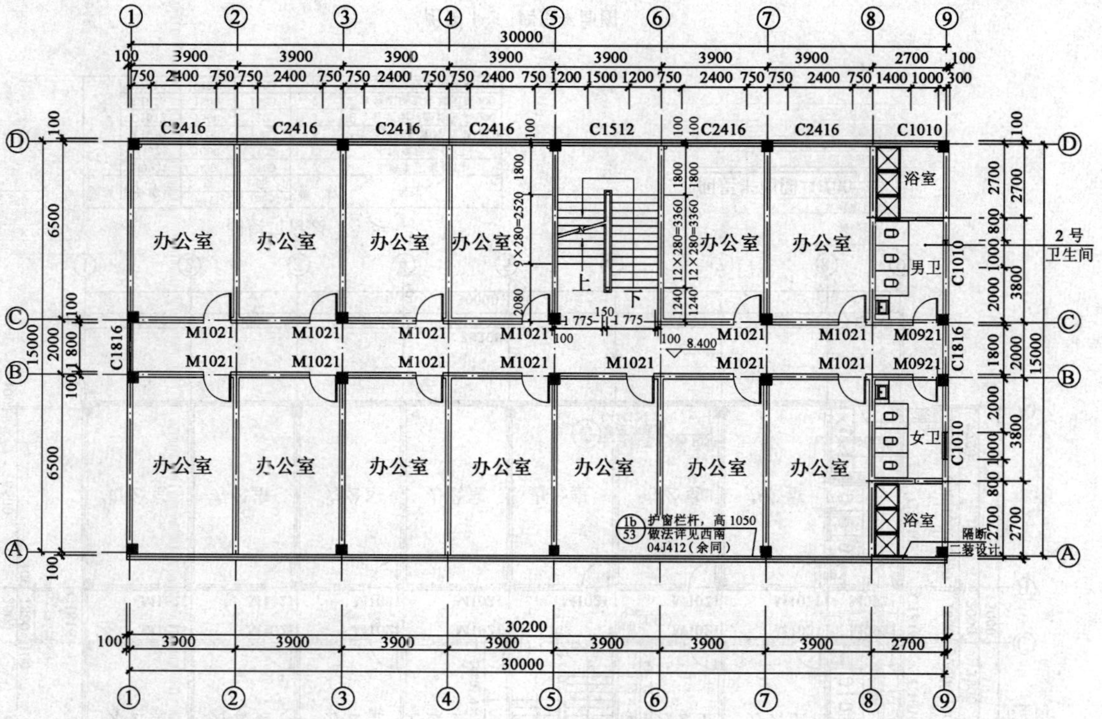

三层门窗表

类别	设计编号	洞口尺寸 (mm) 宽	高	樘 数	备注
门	M0921	900	2100	2	木框单层实体门
	M1021	1000	2100	13	木框单层实体门
窗	C1010	1000	1000	3	铝合金玻璃窗距地面高 1500
	C1512	1500	1200	1	铝合金玻璃窗距地面高 900
	C1816	1800	1600	2	铝合金玻璃窗距地面高 900
	C2416	2400	1600	6	铝合金玻璃窗距地面高 900

附图 1-4　三层平面图

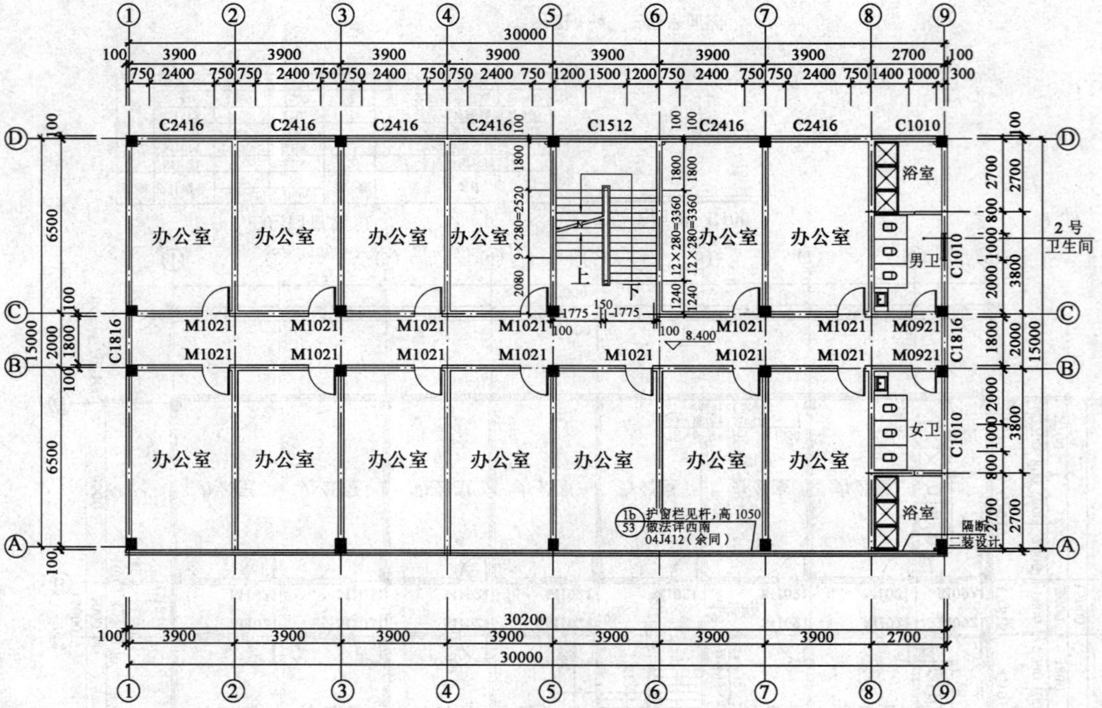

四层门窗表

类别	设计编号	洞口尺寸 (mm) 宽	洞口尺寸 (mm) 高	樘　数	备注
门	M0921	900	2100	2	木框单层实体门
	M1021	1000	2100	13	木框单层实体门
窗	C1010	1000	1000	3	铝合金玻璃窗距地面高1500
	C1512	1500	1200	1	铝合金玻璃窗距地面高900
	C1816	1800	1600	2	铝合金玻璃窗距地面高900
	C2416	2400	1600	6	铝合金玻璃窗距地面高900

四层平面图 1:100

附图 1-5　四层平面图

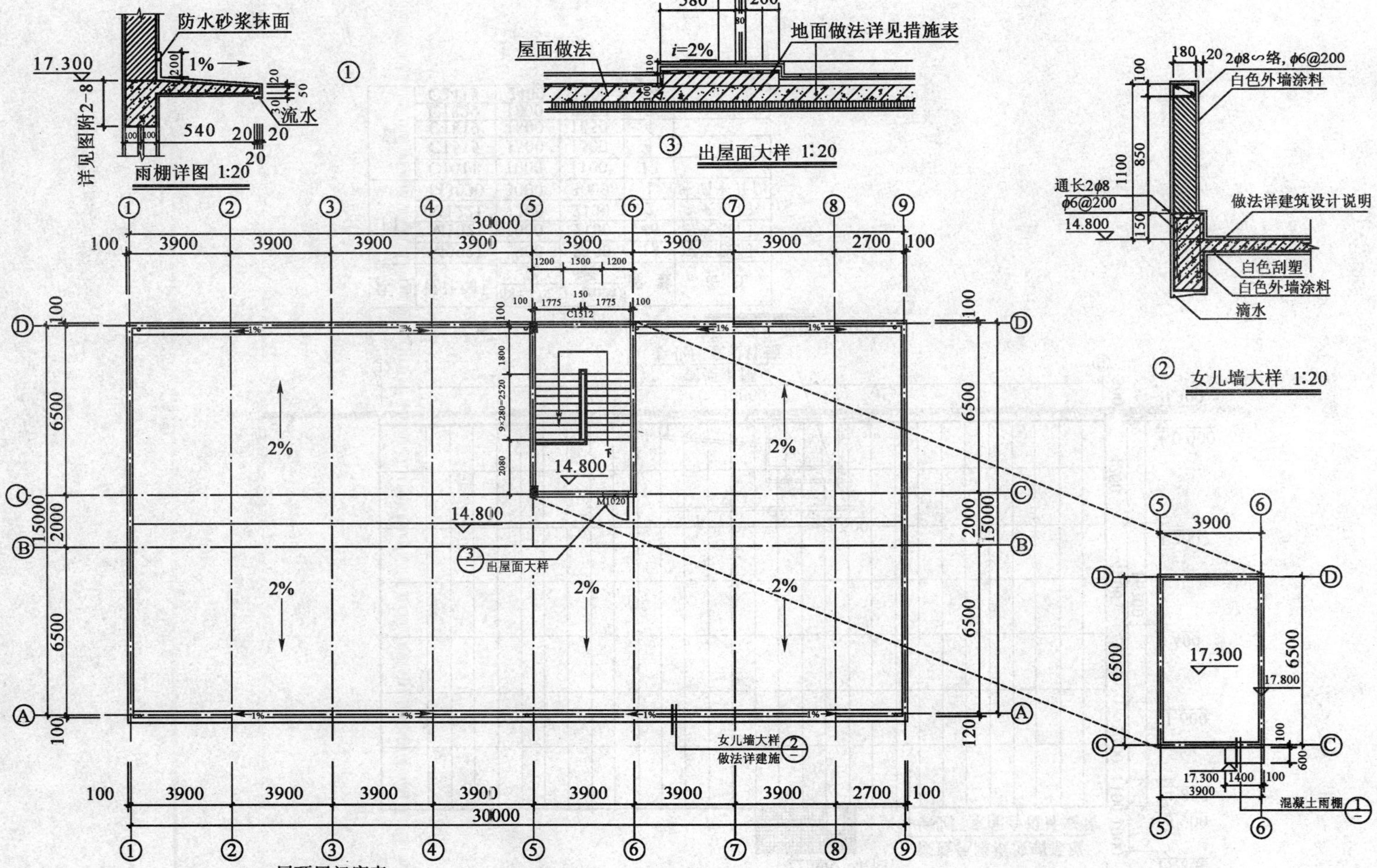

屋顶层平面图 1:100

屋顶层门窗表

类别	设计编号	洞口尺寸(mm) 宽	洞口尺寸(mm) 高	樘数	备注
门	M1021	1000	2100	1	木框单层实体门
窗	C1512	1500	1200	1	铝合金玻璃窗地面高900

附图1-6 屋顶平面图

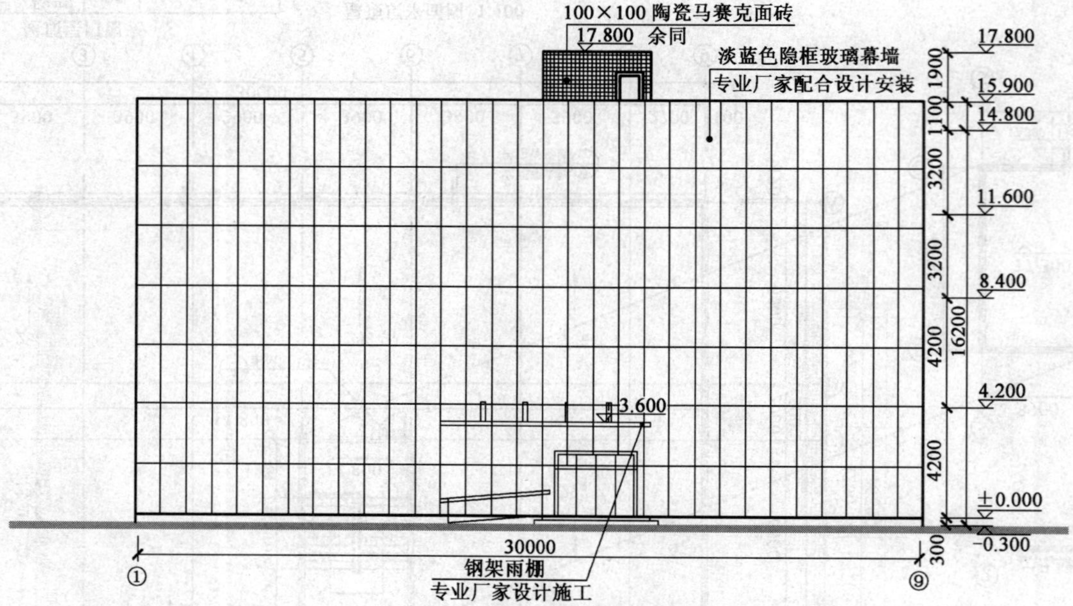

①～⑨立面图 1:100

门窗表

类别	设计编号	洞口尺寸(mm) 宽	洞口尺寸(mm) 高	樘数	备注
门	M0921	900	2100	13	夹板门
	M1021	1000	2100	46	夹板门
	M1221	1200	2100	2	夹板门
	M3030	3000	3000	1	玻璃平开门
窗	C1011	1000	1100	12	
	C1515	1500	1500	4	
	C1819	1800	1850	4	
	C1829	1800	2850	2	
	C2415	2400	1500	24	

附图 1-7 立面图（一）

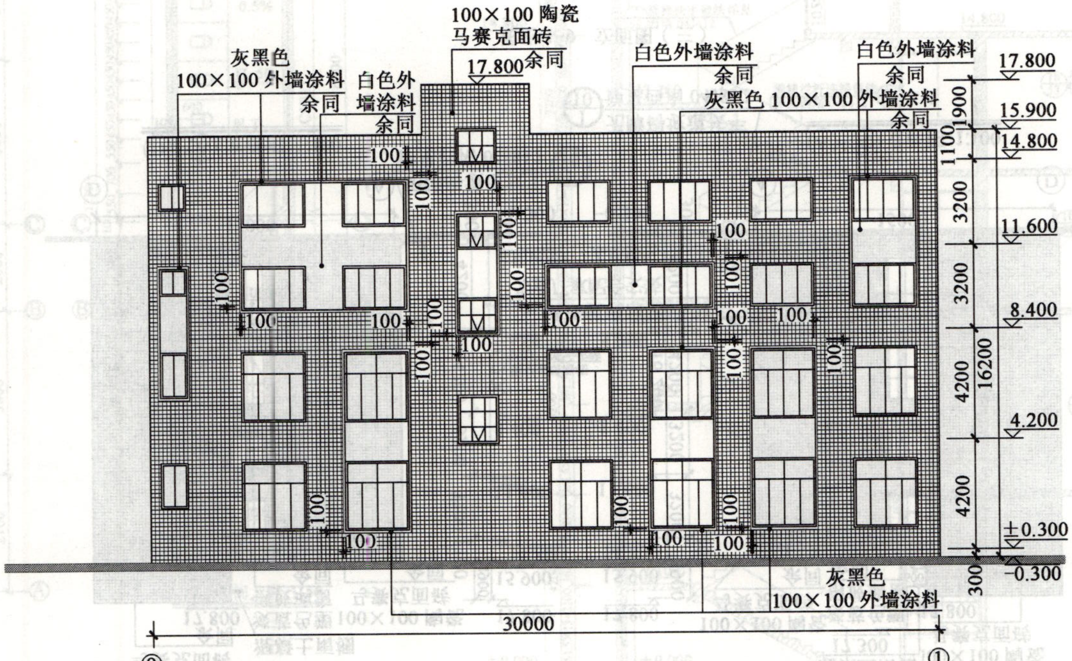

⑨~① 立面图 1:100

附图 1-8 立面图（二）

附录二 结构施工图

框架结构设计总说明

一、概述

1. 本工程办公楼为现浇钢筋混凝土框架结构，地面以上四层，结构总高度 650m。
2. 建筑结构安全等级为二级，地基基础设计等级为丙级。
3. 本工程按地震设防烈度七度进行结构设计，设计基本地震加速度值为 0.10g。
4. 建筑物抗震设防重要性类别为丙类。
5. 框架结构抗震等级为三级。
6. 本工程耐火等级为二级。
7. 本工程结构的设计使用年限为 50 年。
8. 本工程所处环境类别为：室内正常环境为一类；室外露天环境及室内设计标高以下基础部分为二类。

二、本工程所依据的规范、规程、标准

《建筑结构可靠度设计统一标准》(GB 50068—2001);
《建筑工程抗震设防分类标准》(GB 50223—2008);
《建筑结构荷载规范（2006 版）》(GB 50009—2001);
《建筑抗震设计规范（附条文说明）》(GB 50011—2010);
《混凝土结构设计规范》(GB 50010—2002);
《建筑地基基础设计规范》(GB 50007—2002);
《冷轧扭钢筋混凝土构件技术规程（附条文说明）》(JGJ 115—2006)。

三、主要楼、屋面均布活荷载标准值

办公室：	2.0kN/m²	楼梯间、走廊：	2.5kN/m²
上人屋面：	2.0kN/m²	不上人屋面：	0.5kN/m²
成都地区基本雪压：	0.1kN/m²	成都地区基本风压：	0.3kN/m²
施工检修荷载：	1.0kN	栏杆水平荷载：	0.5kN/m

未述及者详见《建筑结构荷载规范》(GB 50009-2001)，未经技术鉴定或设计许可不得改变房间用途和使用环境。

四、材料

1. 混凝土强度等级及耐久性要求。

主楼	强度等级	标高	层号	最大水灰比	最小水泥用量 (kg/m³)	最大氧离子含量 (%)	最大碱含量 (kg/m³)
垫层	C10			0.6	250	0.3	3.0
基础	C25						
基础梁	C30						
框架梁、柱、楼板	C30			0.65	225	1	不限
构造柱、圈梁	C20						

2. 钢材。

(1) ϕ——HPB235 f_y=210N/mm²；ϕ——HRB335 f_y=300N/mm²
ϕ——HRB400 f_y=360N/mm；ϕ^R——CRB550 f_y=360N/mm

(2) 焊条：E43 用于 HPB235 及 Q235 焊接；
E50 用于 HRB335 及 HPB235 与 HRB335 之间焊接。

3. 砌体结构。

墙体	标高	墙体材料	干重度 (kN/m³)	砂浆强度等级
填充墙	±0.000 以下	页岩实心砖	19.0	水泥砂浆 M5
	±0.000 以上	非承重页岩空心砖	10.0	混合砂浆 M5

4. 本工程所采用的钢筋要求其强度标准值应具有不小于 95% 的保证率。

五、基础工程

1. 本工程 ±0.000 相当于绝对标高见附图 1-1。
2. 本工程基础采用柱下独立柱基础，持力层为稍密卵石层，承载力特征值大于 300kPa。

六、主体工程

1. 抗震结构构造按《03G101-1》图集执行。

(1) 钢筋锚固构造、梁中间支座下部钢筋构造，箍筋及拉筋弯钩构造详读图集第 35 页。
(2) 框架柱纵向钢筋构造详读图集第 36-38 页。
(3) 框架柱箍筋加密构造详读图集第 40 页。
(4) 框架梁箍筋、附加箍筋、吊筋构造详读图集第 63 页。
(5) 框架梁纵向钢筋构造详读图集第 54~56，61 页，梁、柱节点构造详右图；
(6) 次梁与挑梁构造详读图集第 65，66 页。
(7) 梁腹板高大于等于 450mm 时，附加纵向钢筋按（图一）设置当梁腹板已配置抗扭纵筋时，应按梁配筋图施工。
(8) 钢筋最小锚固长度 L_a 详读图集第 33 页。
(9) 抗震时钢筋最小锚固长度 L_{aE} 详读图集第 34 页。
(10) 钢筋最小搭接长度 LIE, LI 详读图集第 34 页。

2. 受力钢筋在同一截面内接头允许截面面积。

接头形式	受拉区	受压区
绑扎搭接接头	25%	50%
焊接接头或机械接头	50%	不限

注：柱钢筋接头数量无论受拉或受压区均不得大于 50%。

3. 混凝土保护层厚度。

环境条件	构件类型	保护层厚度 (mm)	备注
室内正常环境	墙板	15	混凝土强度等级 C30
	梁	25	
	柱	30	
基础与土接触部分	独立基础	40	
	柱基础梁	30	
露天环境	屋面板	20	
	雨篷 挑檐	20	

注：机械接头的连接件其保护层厚度应与同类构件钢筋的保护层厚度一致。

4. 板。板的底部钢筋，短跨钢筋放下排，长跨钢筋放上排，并尽可能沿板跨方向连跨通长配置。板面钢筋在角部相交时，短跨钢筋放在上排，长跨钢筋放在下排。
5. 需封堵的管井，板内钢筋不断，待管道安装完毕后用提高 5MPa 强度等级的混凝土浇筑。
6. 框架梁。柱纵向受力钢筋接头优先采用机械连接或闪光对焊连接，接头位置须满足施工验收规范要求和《03G101-1》图集第 36，38，39 页的要求。
7. 梁高小于 400mm 的次梁钢筋可以采用搭接接头或焊接接头，接头位置和长度均应满足施工验收规范要求。
8. 主次梁相交处，在主梁上，次梁两侧无论有无吊筋均应加密 4 个附加箍筋，间距 50mm，直径及肢数同主梁箍筋，梁配筋图中不再另行表示附加箍筋；具体做法详见《03G101-1》图集第 65 页。
9. 现浇混凝土楼面及屋面板构造按《混凝土结构施工图平面整体表示方法制图规则和构造详图》(04G101-4) 执行。
10. 箍筋，拉筋及预埋件等不应与框架梁和柱的纵向受力钢筋焊接。

七、填充墙

1. 本工程填充墙采用非承重页岩空心砖，按西南 G701（二）《框架轻质填充墙构造》图集有关规定执行，其中：
(1) 与框架柱的连接构造详见图集第 30~33 页。
(2) 框架柱与配筋带连接构造详见图集第 34~35 页。
(3) 墙体转角处水平接筋构造详见图集第 36 页。
(4) 沿墙高每 1.5m 做一配筋带，做法详见图集第 40 页。
(5) 填充墙与梁板连接构造大样详见图集第 23，24 页。
(6) 女儿墙、阳台栏板节点大样详见图集第 42，43 页。
(7) 填充墙构造柱节点大样详见图集第 41 页。
(8) 附墙固定件及墙体防水节点详见图集第 28 页。
(9) 电气管线及插销盒安装详见图集第 29 页。
2. 砖墙与框架柱的拉结及顶部与梁的拉结详见《97(03)G329-6》图集第 28，29 页。
3. 填充墙过梁如下表。梁宽同墙厚，两端伸入墙内 250mm，当洞边为钢筋混凝土柱或墙时，过梁改为现浇，此时柱内应预留过梁钢筋且上部筋同下部筋。

洞宽 (B)	梁高 h	上部钢筋	下部钢筋	箍筋
B<1 000	100	2ϕ8	3ϕ8	ϕ6.5@200
1 000~1 500	200	2ϕ8	3ϕ10	ϕ6.5@200
1 500~2 000	250	2ϕ10	3ϕ12	ϕ6.5@200
2 000~3 500	350	2ϕ10	3ϕ14	ϕ6.5@200

4. 填充墙转角及单片墙端部均应设置构造柱，墙长超过 5m 时，每隔 3~4m 设一构造柱，构造柱截面 250mm 乘以墙厚，纵筋为 4ϕ12，锚入上下梁内 L_a，箍筋为 ϕ6@200。
5. 当墙高超过 4m 时，在墙高中部或门窗上口设置钢筋混凝土现浇带，截面为 150mm 乘以墙厚，配筋 4ϕ10 及 ϕ6@250。女儿墙构造柱间距不大于 2 m。外墙窗宽大于 3m 时，窗台下裙墙设构造柱，间距不大于 1.5m。

八、其他

1. 所有预留孔洞及预埋件，均须配合建筑及设备工种预留，预埋，不得事后打洞。
2. 板、墙上所有小于 300mm 的孔洞，钢筋不得切断，应绕过洞口。
3. 如遇冬季施工，须做好防冻措施。
4. 未注明事项均按国家现行施工及验收规范和工程质量评定标准等有关要求处理。
5. 楼梯板及跨度大于 4m 的楼板按 0.3% 起拱。
6. 本工程尺寸以毫米计，标高以米计。

图纸目录

图纸编号	图纸内容	图纸规格
1/14	框架结构设计总说明，图纸目录	2+
2/14	基础平面布置图	2
3/14	基础大样图	2
4/14	柱平面配筋图	2
5/14	二层板配筋图	2
6/14	三层板配筋图	2
7/14	四层板配筋图	2
8/14	屋面板配筋图	2
9/14	地梁配筋图	2
10/14	二层梁配筋图	2
11/14	三层梁配筋图	2
12/14	四层梁配筋图	2
13/14	屋面梁配筋图	2
14/14	楼梯施工图	1+

选用标准图集目录

序号	图集名称	图集代号
1	混凝土结构施工图平面整体表示方法制图规则和构造详图	《03G101-1》
2	混凝土结构施工图平面整体表示方法制图规则和构造详图	《03G101-2》
3	混凝土结构施工图平面整体表示方法制图规则和构造详图	《04G101-4》
4	框架轻质填充墙构造图集	《西南 G701（二）》

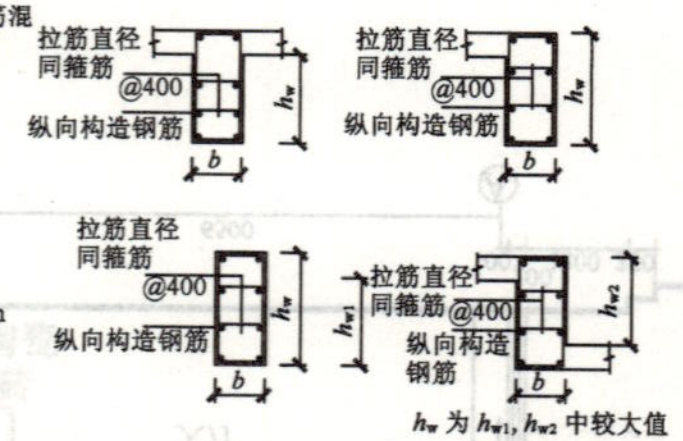

梁侧面纵向构造钢筋和拉筋构造大样图（图一）

梁每侧纵向构造钢筋表

梁宽 (b) \ 梁腹板高 (h_w)	450	500	550	600	650	700
200	1ϕ12	2ϕ12	2ϕ10	2ϕ10		
250	1ϕ12	2ϕ12	2ϕ10	2ϕ10	2ϕ12	3ϕ10

注：
1. 框架梁纵向构造钢筋伸入柱内 >L_{aE}；
2. 次梁纵向构造钢筋伸入支座内 >L_a。

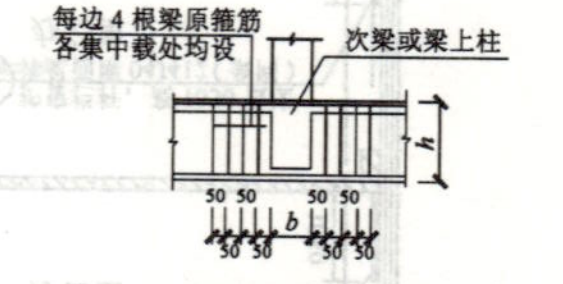

梁上集中荷载处示意

主次梁或纵横框架梁相交处上部钢筋的关系示意图

附图 2-1 框架结构设计说明

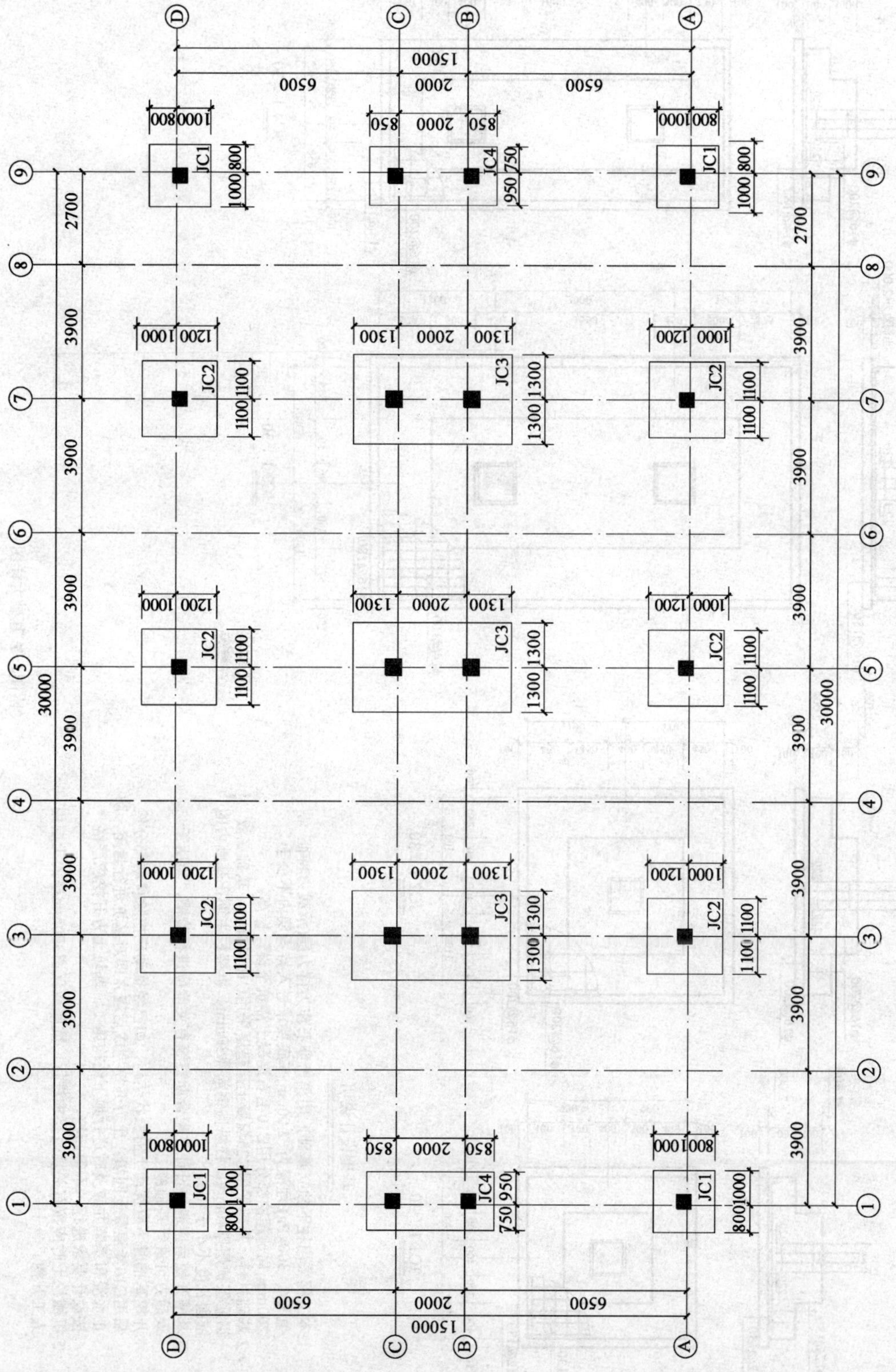

基础平面布置图 1：100

附图2-2 基础平面布置图

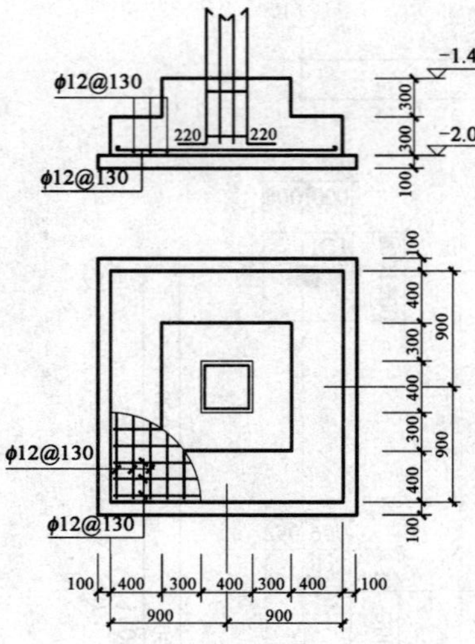

JC1 1∶30

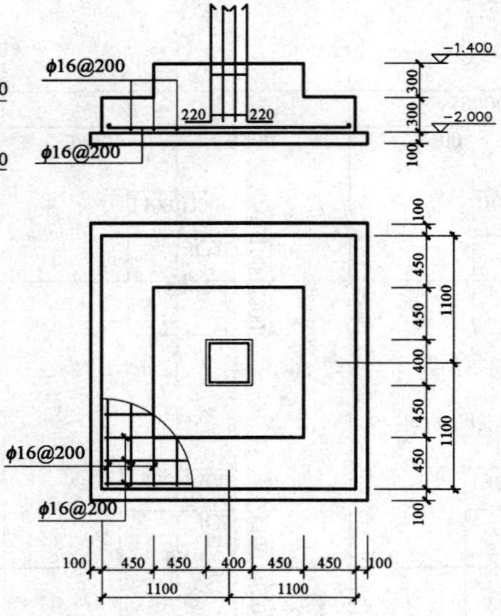

JC2 1∶30

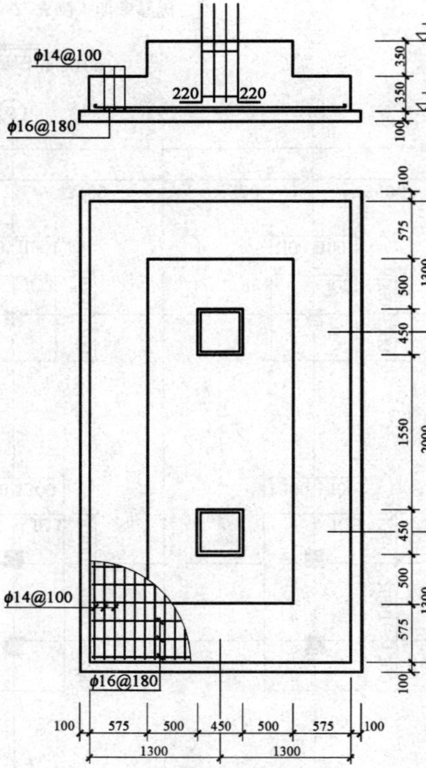

JC3 1∶30

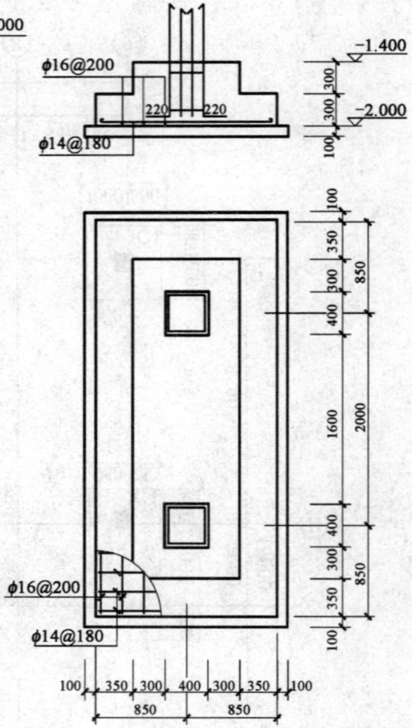

JC4 1∶30

基础设计说明

1.本工程采用柱下独立基础，用稍密卵石作为持力层(承载力特征值为f_{ak}=300kPa),埋深为-2.000m,基底要求进入持力层内不少于200mm;局部超挖部分用C10毛石混凝土浇筑至设计标高。

2.基础材料：基础采用C25混凝土，垫层采用C10混凝土，基础底板钢筋保护层厚40mm，柱纵向钢筋厚30mm。框架柱主筋在基础内的锚固长度不小于40d。

3.基槽开挖后应通知设计方配合勘察等有关单位进行验槽，验明无误后方可进行基础施工。

4.开挖基槽时不应扰动土的原状结构，如已经扰动应挖除扰动部分然后用C10素混凝土回填；土方开挖完成后应立即对基坑进行封闭，防止水浸和暴晒并应及时进行地下结构施工，基坑土方开挖应严格按设计要求进行，不得超挖。

5.机械挖土时应按有关规范要求进行，坑底应保留300mm厚的土层用人工开挖。

附图2-3 基础大样图

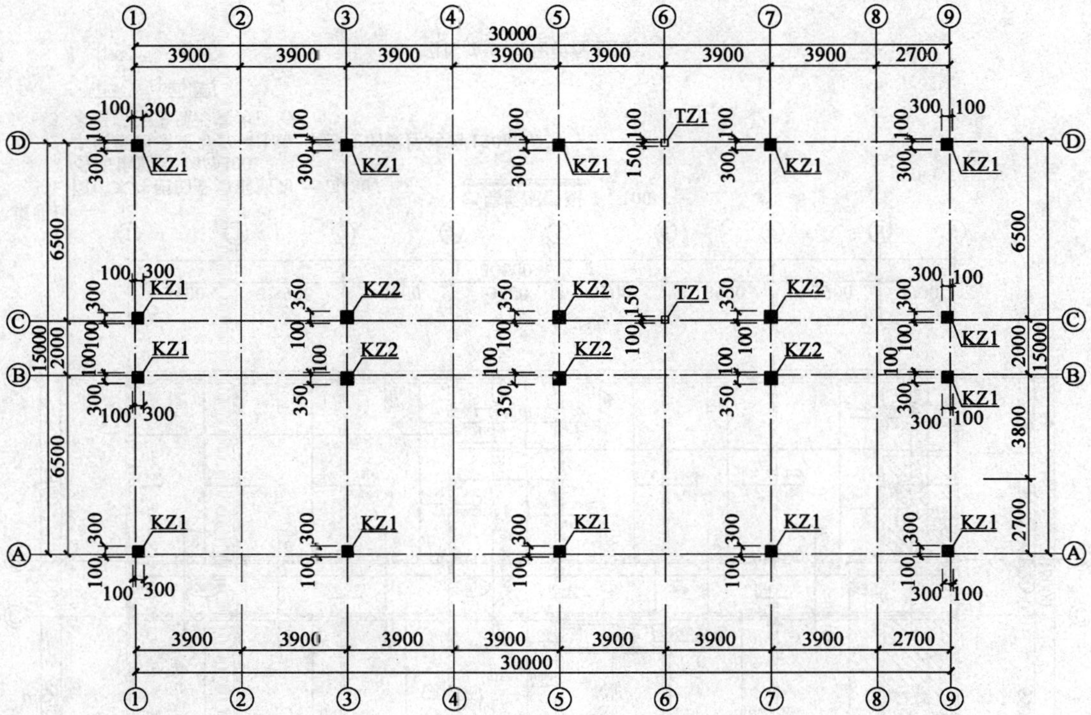

柱平面配筋图 1：100

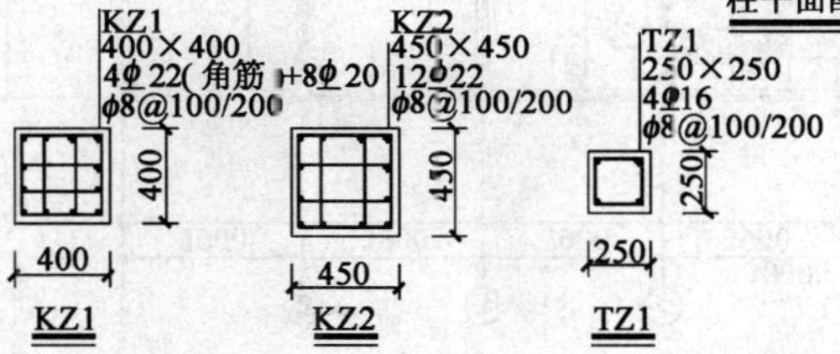

说明：

1. 柱净高与柱截面高度之比值小于 4 的框架柱箍筋全高加密，间距 100。
2. 未标注的柱子定位均为居中放置。

附图 2-4 柱平面配筋图

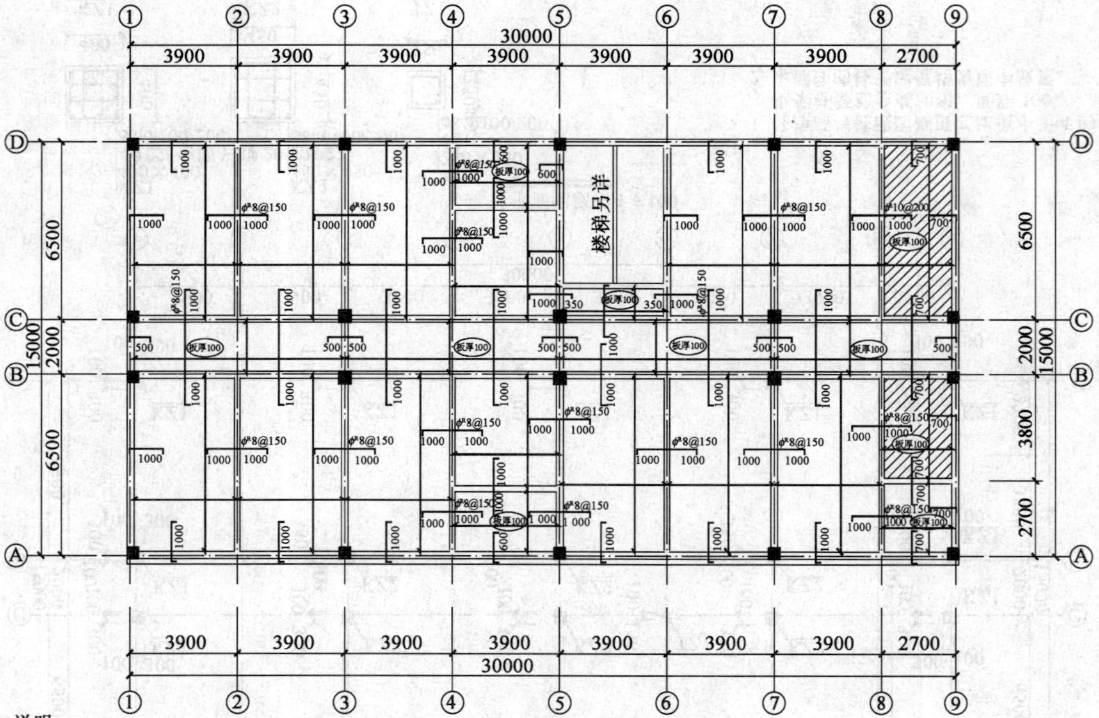

二层板配筋图 1∶100

说明：

1. 图中未注明的受力钢筋为 $\phi 8@180$，分布钢筋为 $\phi 6@200$。
2. 本层板画标高为 H=4.150，未标注的板厚均为 120mm。
3. 本层负筋表现形式为：

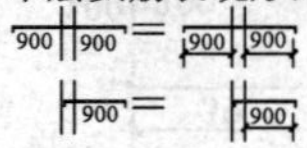

附图 2-5 二层板配筋图

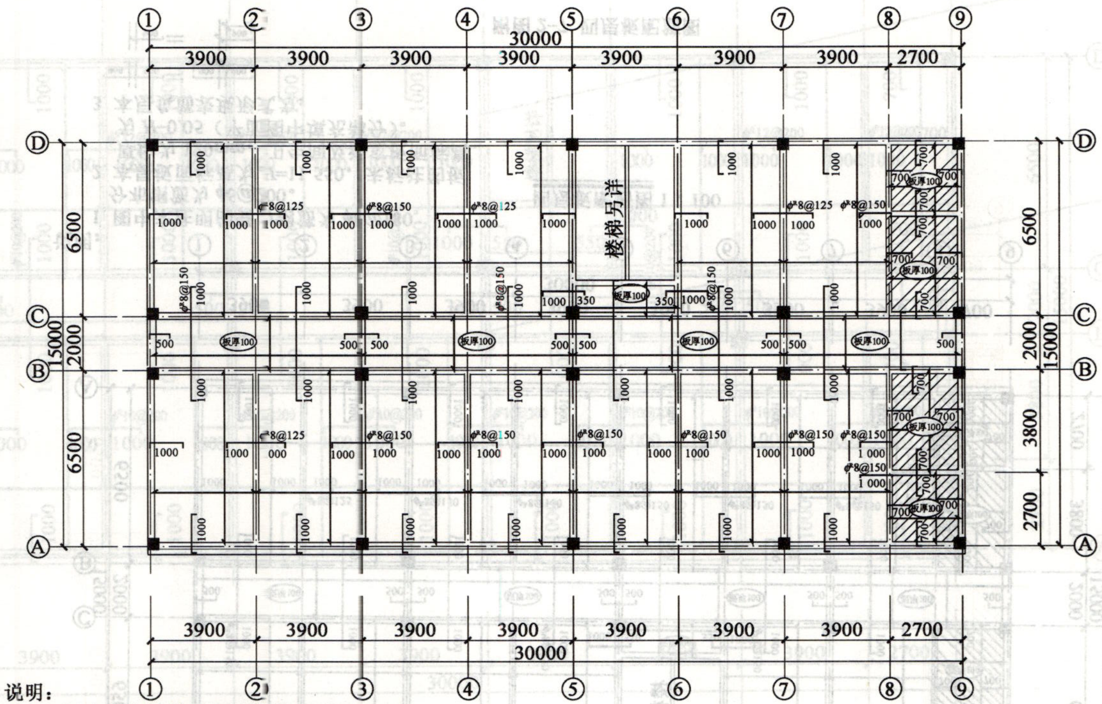

三层板配筋图 1：100

说明：

1. 图中未注明的受力钢筋为 ϕ8@180，分布钢筋为 ϕ6@200。
2. 本层板面标高为 H=8.350，未标注的板厚均为 120mm。卫生间及浴室板面标高为 H-0.05（平面图中填充部分）。
3. 本层负筋表现形式为：

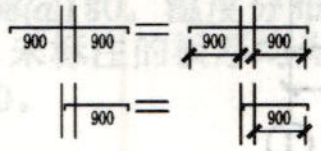

附图 2-6 三层板配筋图

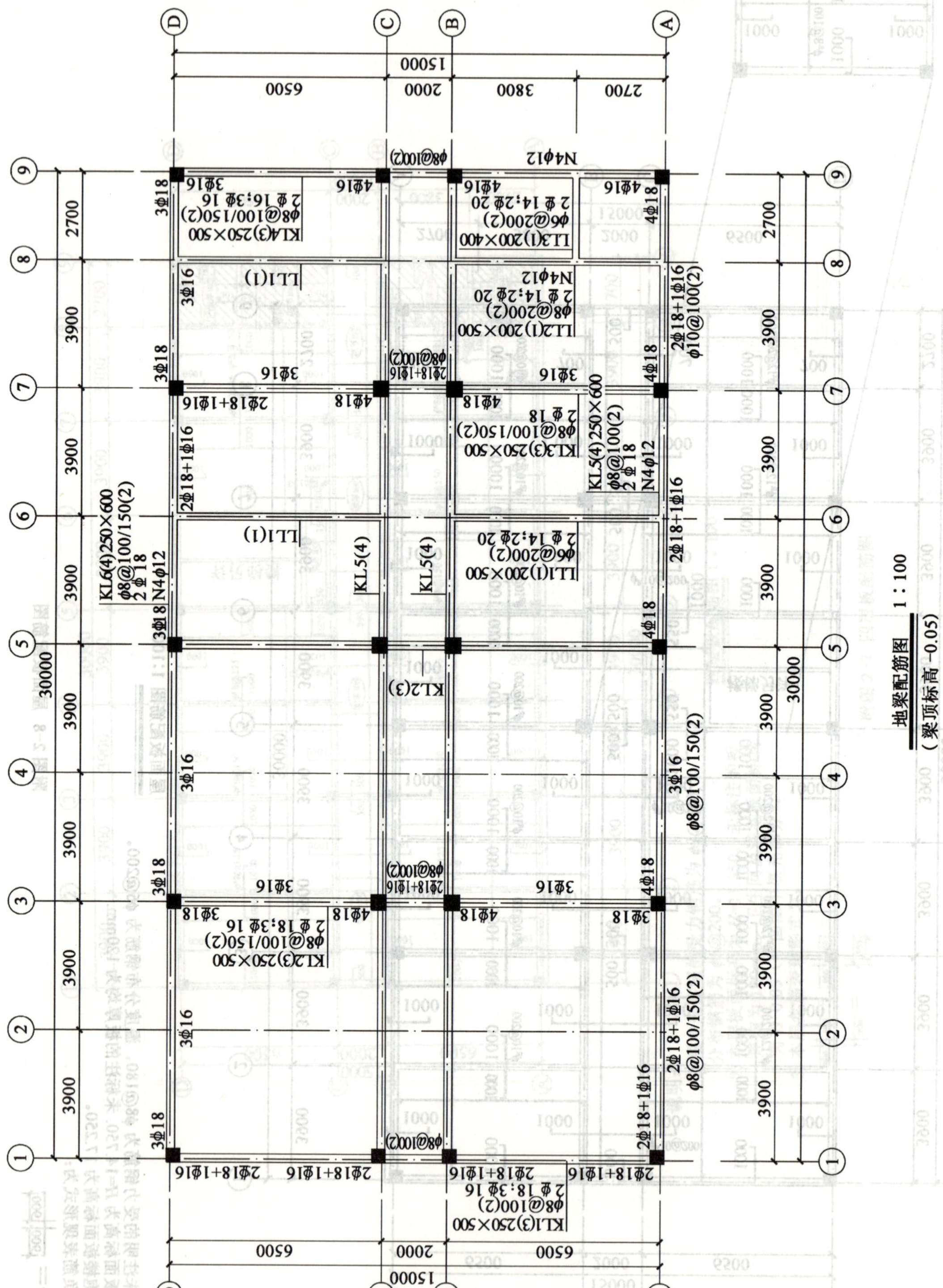
地梁配筋图 1：100
（梁顶标高 -0.05）
KL1(3)250×500
φ8@100(2)
2 Φ 18；3Φ 16
KL2(3)250×500
φ8@100/150(2)
2 Φ 18；3Φ 16
KL3(3)250×500
φ8@100/150(2)
2 Φ 18
KL4(3)250×500
φ8@100/150(2)
2 Φ 16；3Φ 16
KL5(4)250×600
φ8@100(2)
2 Φ 18
N4φ12
KL6(4)250×600
φ8@100/150(2)
2 Φ 18
N4φ12
LL1(1)200×500
φ6@200(2)
2 Φ 14；2Φ 20
LL2(1)200×500
φ6@200(2)
2 Φ 14；2Φ 20
N4φ12
LL3(1)200×400
φ6@200(2)
2 Φ 14；2Φ 20
15000
6500
2000
3800
2700
30000
3900
2700

附图 2-9 地梁配筋图

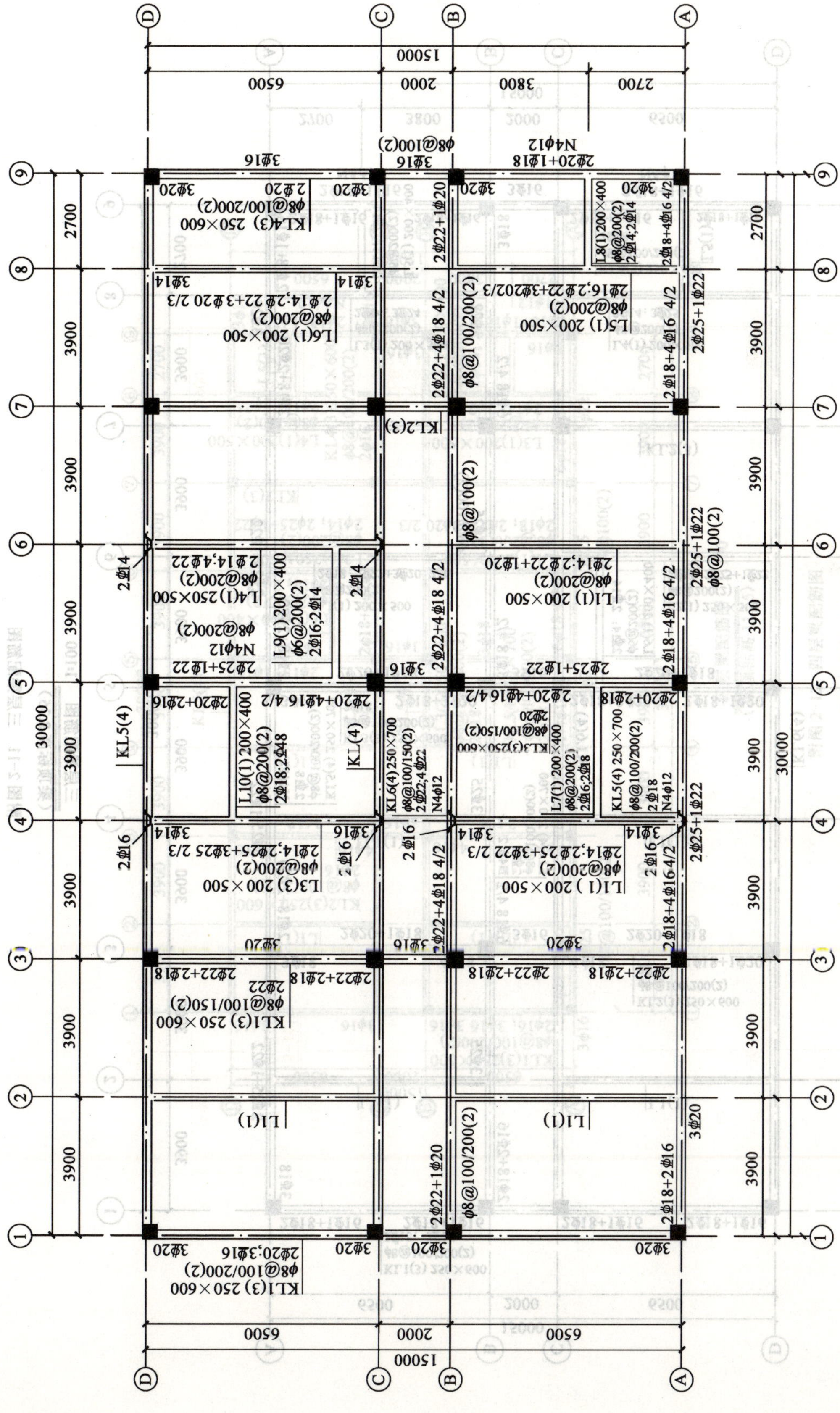

二层梁配筋图　1∶100

（梁顶标高 4.15）

附图 2-10　二层梁配筋图

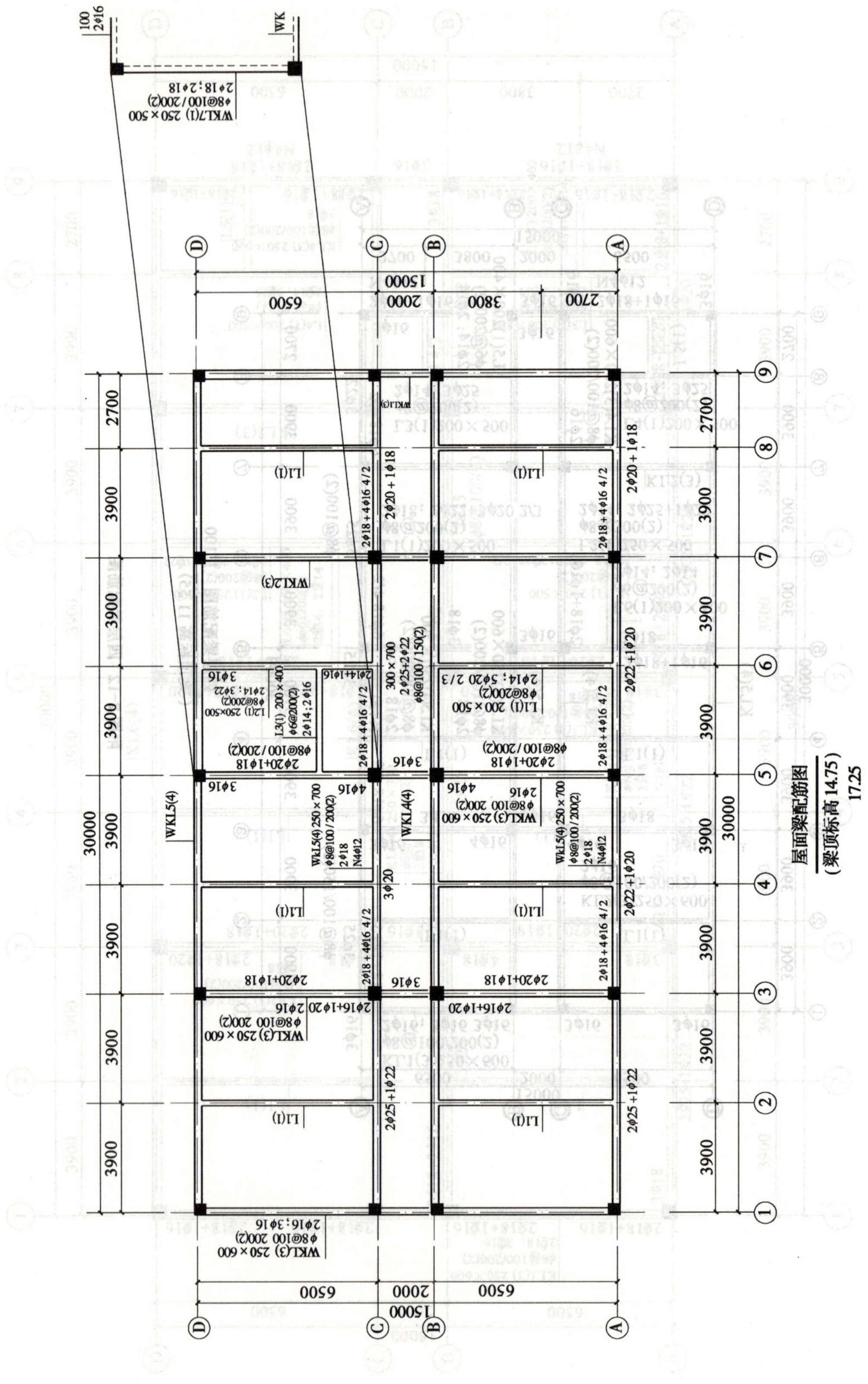

附图 2-13 屋面梁配筋图

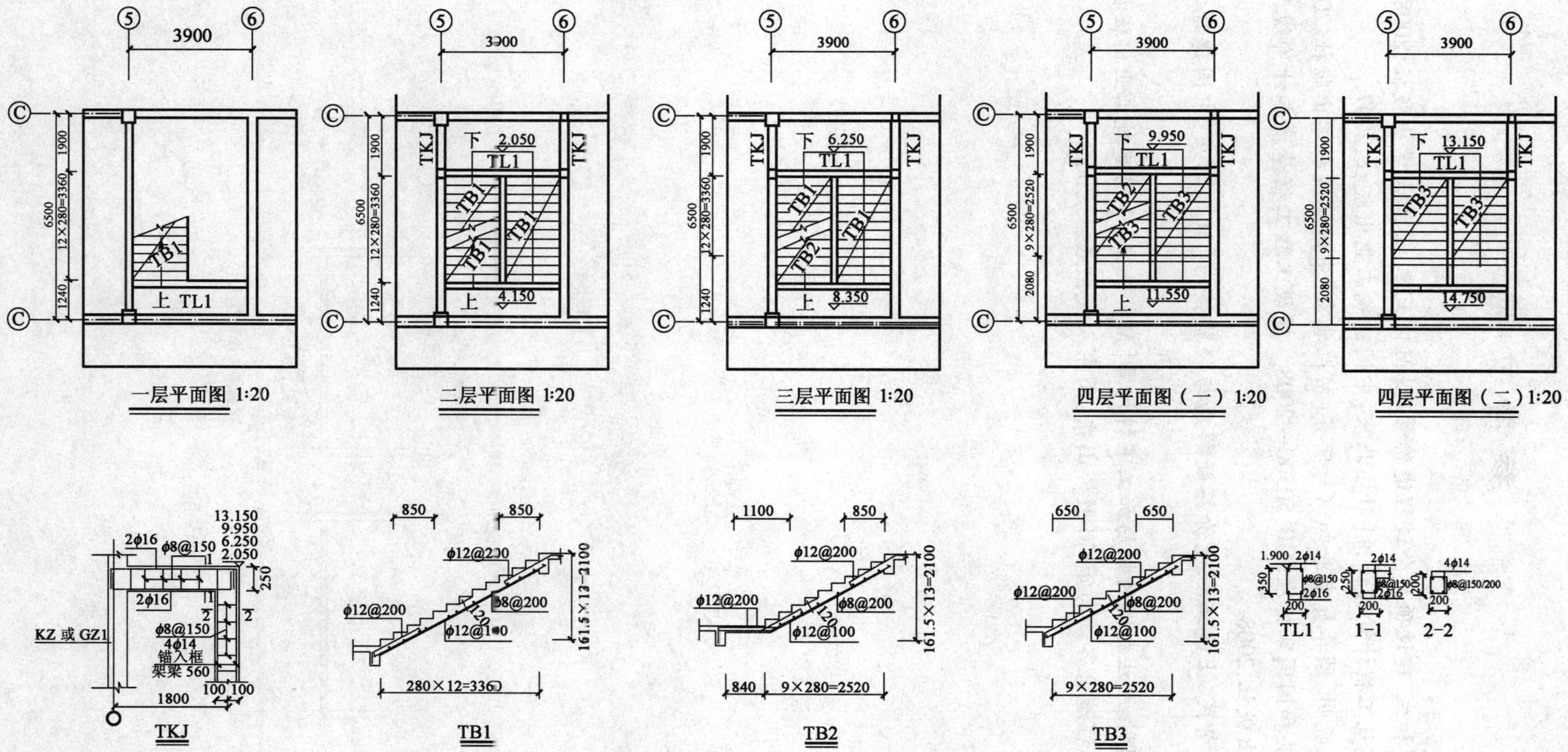
3900
6500
1900
12×280=3360
1240
TB1
上 TL1
一层平面图 1:20
TKJ
下 2.050
TL1
4.150
二层平面图 1:20
下 6.250
TB2
8.350
三层平面图 1:20
9×280=2520
2080
下 9.950
TB3
11.550
四层平面图（一）1:20
下 13.150
14.750
四层平面图（二）1:20
13.150
9.950
6.250
2.050
2φ16
φ8@150
250
KZ 或 GZ1
4φ14
锚入框
架梁 560
100 100
1800
850
φ12@200
φ8@200
φ12@100
120
280×12=3360
161.5×13=2100
TB1
1100
840
TB2
650
TB3
1.900 2φ14
350
φ8@150
200
TL1
1-1
φ8@150/200
2-2

附图 2-14　楼梯施工图

参考文献

[1] 尹贻林,周和生.建设项目全过程造价管理[M].天津:天津大学出版社,2008.

[2] 王武齐.建筑工程计量与计价[M].北京:中国建筑工业出版社,2007.

[3] 袁建新,迟晓明.预算员专业知识与实务[M].北京:中国环境科学出版社,2007.

[4] 中华人民共和国国家标准.GB 50500—2008 建设工程工程量清单计价规范[S].北京:中国计划出版社,2008.

[5] 苗曙光,刘智民.土建工程造价答疑解惑与经验技巧[M].北京:中国建筑工业出版社,2007.

[6] 高竞,高韶明.平法制图的钢筋加工下料计算[M].北京:中国建筑工业出版社,2005.

[7] 刘德运.工程造价咨询与审计[M].山东:山东人民出版社,2006.